숫자로 세상을 바꾼

수학의
역사

숫자로 세상을 바꾼
수학의 역사

ⓒ 박구연, 2024

초판 1쇄 인쇄일 2024년 2월 17일
초판 1쇄 발행일 2024년 2월 27일

지은이 박구연
펴낸이 김지영   펴낸곳 지브레인^{Gbrain}
편집   김현주
마케팅 조명구   제작 · 관리 김동영

출판등록 2001년 7월 3일 제2005-000022호
주소 04021 서울시 마포구 월드컵로7길 88 2층
전화 (02)2648-7224   팩스 (02)2654-7696

ISBN 978-89-5979-790-5 (03410)

숫자로 세상을 바꾼

수학의 역사

박구연 지음

지브레인

머리말

"아무리 추상적인 수학 분야라도 미래 언젠가는 실세계 현상에 응용될
것이다."

　수학자 니콜라이 로바쳅스키의 수학에 대한 명언이다.

　이는 크든 작든 수학 공식은 어느 하나라도 다양하게 서로 영향을 주
며 인류 발전에 기여한다는 의미일 것이다.

　우리나라에는 세계적으로 자랑할 만한 유산이 많다. 한글은 1443년에
창제해서 1446년에 반포한 위대한 유산이며, 13세기에 발명된 금속활자
는 목판 인쇄술의 한계를 극복한 기술력이자 유산으로 이 두 문화유산은
우리 민족의 지혜와 독창성을 나타내는 대표적인 예로 볼 수 있다.

　수학 공식도 마찬가지다. 고대 그리스, 이집트 시대부터 많은 수학자
들이 발견하고 발전시켜온 수학공식은 현대사회에서도 실생활에 이용되
고 다양한 학문 분야에 응용되어 인류의 발전에 크게 기여하고 있다.

　수많은 수학적 발견과 발전이 지금과 같은 풍요로운 삶을 가능하게 해
준 것이다. 뉴턴이 발견한 17세기의 만유인력의 법칙은 현대물리학의

기반을 다지는 데 큰 영향을 주었고, 주기함수를 삼각함수의 합으로 나타낸 공식을 발표한 푸리에는 해석학의 발전에 기여했다. 뫼비우스 띠는 예술과 컨베이어 벨트 시스템에 응용되고 있다.

고등학생 때 종이를 무려 12번이나 접는 실험과 공식을 발견한 브리트니 갤리번의 업적은 신소재 개발에 응용되고 있다. 매듭을 푸는 이론으로도 DNA의 비밀과 우주의 초끈 이론의 불가사의도 풀어낼 수 있다. 피에트 하인은 라메가 발견한 초타원의 방정식을 응용하여 로터리 최적 설계와 슈퍼에그 건축물과 공산품을 전세계에 선보였다.

이 책에는 오랜 인류의 역사 속에서 세상을 바꾼 수많은 수학자들의 업적과 공식이 소개되어 있다.

이 책을 통해 위대한 또는 가장 기본적인 수학 공식과 다양한 수학적 지식을 통해 수학에 대해 알아가는 즐거움을 얻길 바란다.

박구연

목차

머리말   4

케일리-해밀턴 정리   10

통계학의 데이터로 생명을 구하다   17

스트링 아트   25

내시균형   31

펜로즈의 블랙홀 이론   37

프랙털   46

루빅스 큐브   56

리군 E8   59

택시수   64

비유클리드 기하학   71

허블의 법칙   76

벤 포드의 법칙   82

카오스 이론 속 나비효과   87

카탈랑 추측   95

이차상호법칙   101

도플러 효과   107

러셀의 역설   110

골드바흐의 추측   113

힐베르트의 호텔 역설   117

리히터 지진계   122

두뇌 계발 게임 테트리스　　　　131

페르마의 마지막 정리　　　　　139

만유인력의 법칙　　　　　　　149

힐베르트의 23가지 문제　　　　153

　ABC 추측　　　　　　　　　164

모듈라이 공간을 밝혀

파헤치는 우주의 비밀!　　　　169

뫼비우스의 띠　　　　　　　　176

세상에서 가장 큰 수 그레이엄 수의 발견 182

모델의 정리　　　　　　　　　187

대기행렬이론으로 탄생한 아파넷   190

등호 기호   192

적분기호 인티그럴 ∫   195

리만 가설   202

푸앵카레의 추측   207

바젤 문제의 답을 구한 오일러   211

해석학 발전에 기여한 푸리에   230

갤리번의 종이접기와 방정식   241

실용화된 초타원제   250

지오데식 돔   255

찾아 보기   258
참고 도서   261
이미지 저작권   262

케일리-해밀턴 정리 **1858년**

선형 대수학에 크게 기여한 행렬의 필수 공식

케일리-해밀턴 정리는 2명의 수학자가 창안한 이론으로 행렬에서 중요한 위치를 차지하고 있다.

영국의 수학자 아서 케일리^{Arthur} $^{Cayley,1821~1895}$는 순수 수학의 선구자로, 영국 서리주의 리치먼드에서 태어났다. 대학생일 때 이미 케임브리지 수학 저널에 3편의 논문이 실린 수재였다. 졸업 후 생계를 위하여

아서 케일리.

14년 동안 변호사로 활동하는 중에도 그는 수학 연구를 지속해 논문만 무려 250편을 발표했다. 그리고 43세에 케임브리지 대학교 수로 임명되었다.

케일리의 업적은 기하공간이 점과 선으로만 구성한다는 이론을 탈피해 3차원 이상의 기하학으로 확대 연구한 것이다. 비상한 기억력을 바탕으로 변호사 활동을 하는 동안 명확한 법률적 논리전개가 몸에 배어 논문의 위용을 더해주었다. 그래서 그의 논문은 다른 수학자에 비해 논문의 구성과 전개, 이해력을 위한 증명 과정이 매끈하다는 평가를 받았다.

그의 학문에 대한 호기심은 수학과 법률에만 국한된 것이 아니었다. 많은 소설들을 읽고 식물학도 공부했으며, 등산과 여행을 자주했고, 취미로 수채화를 그렸다.

케일리의 친구로는 실베스터$^{\text{James Joseph Sylvester, 1814~1897}}$가 있는데, 1850년에 행렬^{matrix}이라는 용어를 처음 사용한 수학자로 케일리와 행렬을 연구한 행렬의 공동 창시자이기도 하다.

케일리는 행렬의 곱셈을 도입하여 계산방법에 대해 설명했다. 61세에 미국 존스 홉킨스 대학교수로 초빙되었으며, 영국과학발전 회장직을 역임하기도 했다. 평생에 걸쳐 저술한 논문은 900편이 넘으며, 이는 오일러, 코시에 이은 세 번째로 많은 논문이다.

해밀턴$^{\text{William Rowan Hamilton, 1805~1865}}$은 아일랜드 더블린 출생의

물리학자이자 수학자로 변호사의 아들로 태어났다. 불행하게도 부모를 일찍 여의어서 목사인 큰 아버지 밑에서 자랐다. 큰아버지의 외국어 교육으로 이미 13세에 10개 국어에 능통했으며, 수학에도 재능이 많았다. 그가 15세가 되었을 때 트리니

해밀턴.

티 대학의 보이턴 교수가 빌려준 수학자 라그랑주와 라플라스의 수학책은 그의 인생의 방향을 정하게 만들었다. 해밀턴은 이 두 권의 책을 읽은 후 수학 공부에 매진해 1년 후 세계적인 권위를 인정받은 라플라스의 저서 《천체 역학》의 오류를 발견해 전문가들을 놀라게 했다. 또한 대학 졸업 직전 던싱크 천문대장과 천문학 교수의 추천을 받을 정도로 그 천재성을 인정받았다.

해밀턴은 특성함수를 사용한 동역학과 광학의 통합과 그래프 이론에 해밀턴 경로라는 이론을 정립했다.

해밀턴 경로는 우리 삶에 많은 영향을 주었다. 그와 같은 예로는 송유관 기름의 이동, 물류의 유동, 지하철이나 도로의 건설 등의 네트워크 최적흐름도를 결정할 때 등이 있다.

그는 또한 1843년에 벡터의 원조로 알려진 사원수를 발견했다. 사원수는 실수와 i, j, k 등의 세 개의 허수단위로 수를 확장한

복소수이다. 사원수는 $a + bi + cj + dk$의 형태로 이루어져 1개의 실수부 a와 3개의 허수부 bi, cj, dk로 구성되었는데 허수부가 지금 사용하는 3차원 벡터와 동일하다.

행렬에 관한 연구는 케일리와의 공동연구를 통해 행렬에서 많이 사용하는 정리인 케일리─해밀턴 정리를 탄생시켰다. 1858년 1월 14일 〈행렬 이론에 대한 연구논문〉에 발표되었던 케일리─해밀턴 정리는 다음처럼 정리한다.

이차 정사각행렬 $A = \begin{pmatrix} a & b \\ c & d \end{pmatrix}$일 때, $A^2 - (a + d)A + (ad - bc)E = O$ 이다.

이차 정사각행렬을 확장하여 3차 이상부터는 일반적으로 케일리─해밀턴 정리를 나타내면 다음과 같다.

$$f(A) = A^n + a_{n-1}A^{n-1} + \cdots + a_1A + a_0E = O$$

정사각행렬이 다항방정식에 만족하는 것이 케일리─해밀턴 정리이다. 3차 이상부터 케일리─해밀턴의 정리를 증명한 수학자는 영국 수학자 부흐하임[Arthur Buchheim, 1859~1888]이다. 그는 1883년 이를 증명해냈고 행렬에 관한 이론과 연구에 큰 발자취를 남겼으며 24편의 논문을 남기고 젊은 나이에 세상을 떠났다.

행렬에 관해 많은 이론과 공식을 만든 독일의 수학자 프로베니우스$^{\text{Ferdinand Georg Frobenius, 1849~1917}}$는 1896년 엄밀한 증명을 했다. 그리고 케일리와 해밀턴의 공으로 그 업적을 돌렸다.

행렬을 이용한 취합검사법

2020년 상반기부터 시작한 코로나로 인하여 인류는 바이러스의 감염위협을 크게 받고 있다. 그러나 금방 잡힐 것으로 예상했던 코로나 바이러스는 2023년 상반기까지 바이러스 변이를 거치며 더 많은 인류를 위협했다. 그런데 인류를 괴롭힌 것은 코로나바이러스가 처음은 아니다. 인류의 역사에는 수많은 바이러스들이 목숨을 빼앗은 기록들이 남아 있다. 그리고 이 바이러스들은 치료제와 백신이 나오지 않는 한 언제나 인류를 위협해왔다. 이에 대항하는 인류의 노력도 눈부신 발전을 거듭하고 있다.

현재 코로나를 포함한 신종 바이러스에는 취합검사법 pooling test이라는 효율성 높은 검사법이 있다. 예를 들어 9개의 검체를 모두 검사하는 것이 아니라 9개의 검체가 있다고 하면, 3×3 행렬로 검체를 만들어 검사한다. 행과 열마다 개별 검체 3개씩 묶어서 혼합검체를 만들고 검사를 하는 것이다.

$$\begin{pmatrix} \boxed{a_{11} \ a_{12} \ a_{13}} \\ \boxed{a_{21} \ a_{22} \ a_{23}} \\ \boxed{a_{31} \ a_{32} \ a_{33}} \end{pmatrix} \quad \begin{pmatrix} a_{11} & a_{12} & a_{13} \\ a_{21} & a_{22} & a_{23} \\ a_{31} & a_{32} & a_{33} \end{pmatrix}$$

검체를 6번 묶어서 6번 검사하여 행과 열을 비교하면 어떤 검체가 양성인지 확인할 수 있다.

결과적으로 9번 검사할 것을 6번하는 것이므로 검사 회수가 3번 줄어든다. 시간과 비용도 줄어드는 셈이다. 국내에서는 행과 열의 6개의 검체를 묶어서 검사하는 것도 가능하다고 알려져 있다. 6개 검체를 혼합검체로 만들어서 검사해도 정밀도는 유지할 수 있다는 것이다. 즉, 6×6 행렬에 따라 36번 검사할 것을 12번 검사하니 시간과 비용의 절감 효과를 달성하므로 일석이조이다.

인류의 안전을 위해 사용하는 행렬의 예는 이 외에도 다양하다.

통계학의 데이터로 생명을 구하다

데이터로 사회적 문제를 해결하고자
노력했던 나이팅게일

플로렌스 나이팅게일$^{Florence\ Nightingale,\ 1820~1910}$은 1820년 5월 12일 이탈리아의 피렌체에서 태어났다. 부유한 중산층에서 남부럽지 않게 자란 나이팅게일은 잉글랜드에서 유아기를 보낸다. 나이팅게일은 영어, 프랑스어, 라틴어 등 외국어를 공부하면서 다양한 분야의 학문도 배웠다. 그녀는 어린 시절부터 숫자와 정보 정리에 대한 공부를 많이 해왔기 때문에 여행을 가서도 거리와 시간을 계산하는 것을 즐겼다고 한다.

20세 때 개인 수학 교사를 두고 통계학의 기본을 공부하며 통계학에 대학 능력을 키웠다.

이처럼 다양한 학문을 공부한 나이팅게일이 자신의 인생을 헌신하기로 한 직업은 간호사였다. 그녀만의 소명의식에 끌려 간호사를 택했는데, 부유한 집안에서 자란 그녀가 택하기에는 사회적 명망도 없고 너무 험난하고 고단한 직업이었기 때문에

나이팅게일.

아버지의 반대도 심했으나 굴복하지 않고 간호사의 길을 가게 되었다.

나이팅게일은 1851년 이집트를 여행하다가 알렉산드리아의 병원에 방문한 뒤 독일 카이저스베르트 간호학교에서 정기 간호 교육을 받고 졸업해 간호사가 되었다. 그리고 1853년 런던의 병원 밀집 거리인 할리가의 여성병원에서 무급 관리자로 일했다. 이곳에서 간호부장까지 역임하게 된 1년 후인 1854년 3월 크림전쟁이 발발했다. 나이팅게일은 야전간호사로, 성공회 수녀 38명과 간호단을 구성하고 알바니아의 스쿠타리로 11월에 파견되었다. 그곳은 매우 불결하고, 전쟁터에서 죽는 군인보다 치료를 받다 죽는 군인이 더 많았으며, 군인이 다쳐 환자가 되면 열악한 간호시설로 치료도 불가능에 가까울 정도로 처참했다. 겨울에는 상황이 더 악

화되어 수천 명이 죽어갔다.

　나이팅게일은 이러한 상황을 개선하기 위해 그녀가 배운 통계학을 이용하기로 했다. 우선 야전병원의 상황을 파악하고, 정확한 데이터를 모아 보고서를 작성했다

　그녀의 보고서는 환자의 입원과 부상, 질병, 사망 등을 새로 작성하여 표준화해 기록했다. 또 환자들의 식단을 상세하게 기록하고, 부상당한 환자들의 회복시간을 체계적으로 작성했다. 그녀는 이 보고서를 영국 정부에 발송했다. 대대적 위생의 개선을 촉구한다는 내용이 핵심 메시지였다. 영국 정부는 나이팅게일의 보고서를 보고 야전병원의 개선 방안을 찾아 실행했다. 그리고 그 결과는 놀라웠다. 5개월만에 42%의 사망률에서 2%의 사망률로 대폭 감소한 것이다.

　1856년 크림 전쟁이 끝나고, 영국으로 귀국한 나이팅게일은 1858년에 〈영국군의 보건과 능률 및 병원 관리에 영향을 미치는 문제점에 관한 보고Notes on Matters Affecting the Health, Efficiency, and Hospital Administration of the British Army〉를 발표했다. 이 보고서에서 나이팅게일은 간호사의 역할보다 통계학자로서 면모가 더 돋보였다. 그녀는 방대한 분량의 보고서에 로즈 다이어그램Rose Diagram을 이용해 핵심 내용을 한 눈에 볼 수 있도록 나타낸 것이다. 로즈 다이어그램은 크림 전쟁의 사망원인을 월별 사망자로 나누기 위해 12개의

부채꼴을 포갠 모양으로 나타냈다.

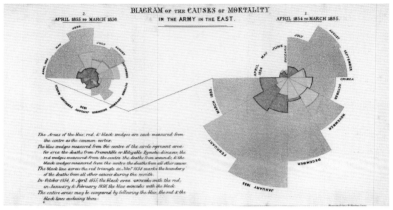

나이팅게일이 창안한 로즈 다이어그램.

부채꼴의 파란 부분은 질병으로 죽은 환자의 수, 분홍 부분은
부상으로 죽은 환자의 수이다. 검은 부분은 질병과 부상을 제외
한 다른 사유로 죽은 환자의 수를 나타낸 것이다. 오른쪽 도표는
1854년 4월부터 1855년 3월까지, 왼쪽 도표는 1855년 4월부터
1856년 3월까지의 도표를 나타낸 것이다.

그리고 이듬해인 1859년 1월 나이팅게일은《러시아와 전쟁 말
엽에 영국 육군의 위생사에 관한 연구^{A Contribution to the the Sanitary}
^{History of the British Army During the Late War with Russia}》라는 책에 로즈 다
이어그램을 본격적으로 이용하면서 대중에게 알려진다. 그녀의 통

계학을 이용한 이러한 연구는 국가적 기여를 인정받아 영국 왕립 통계학회의 역사에서는 처음으로 여성 회원이 될 수 있었다. 나이팅게일은 국가의 잘못된 체제는 통계학의 연구로 바르게 이끌 수 있다고 했으며 통계학의 중요성을 역설했다.

나이팅게일은 90세까지 살면서 간호학과 통계학의 연구와 헌신으로 '백의의 천사'로 불렸다.

머피의 법칙과 샐리의 법칙

살다보면 일이 꼬이는 날이 있다. '가는 날이 장날이다' 라는 속담처럼 하루 종일 순탄치 못한 경험을 몇 번 이상 겪은 경험은 누구에게나 있을 것이다. 이를 수학적으로 표현하면 수학의 한 분야인 확률론에서 1% 이하의 잘 일어나지 않는 일이 특정한 어느 때에 연이어 발생하는 것이다. '뒤로 넘어졌는데 코가 깨졌다'는 속담에 어울리게 외출하는데 갑자기 비가 내리던지 그날따라 버스가 너무 늦게 와 만원 버스에 탑승해 밀쳐지고 있는데, 뒤따라 온 버스는 텅텅 빈 버스라던지, 업무상 작성한 이메일이 발송 전 갑자기 컴퓨터 전원이 나가서 애쓴 이메일 내용이 모두 사라져 버리는 그런 운수가 없는 일, 중요한 시험이 있는데 질병으로 몸의 컨디션이 너무 나빠서 결과가 부진했던 경험 등… 이를 머피의 법칙이라고도 한다.

머피의 법칙은 1949년 미 공군대위 머피의 일화에서 유래한다.

기술 장교였던 머피는 전극봉으로 조종사들의 비행기 감속에 따른 신체변화를 테스트했는데 제대로 시행되지 않았다. 기술자가 전극봉의 연결을 잘못한 것이 그 이유였다. 머피 대위는 이를 보고 "일하는 데는 여러 가지 방법이 있는데 유독 잘못된 결과를 일으키는 한 가지 방법을 누군가는 사용한다."라고 말한 것에서 유래한다. 하지만 요즘은 일이 자꾸 꼬일 때를 의미하는 용어로 머피의 법칙을 사용한다.

엎친 데 덮친 격을 의미하는 설상가상도 머피의 법칙과 같은 상황을 의미하는 우리나라의 사자성어이다.

머피의 법칙과 반대되는 말로는 '샐리의 법칙$^{Sally's \, law}$'이 있다. '좋은 암시를 하면 좋은 일이 연달아 일어난다'는 의미이다. 영화 〈해리가 샐리를 만났을 때〉에서 여주인공인 샐리가 어려운 일을 여러 번 겪어도 해피엔딩으로 끝나는 것에서 파생한 용어라고 한다. 좋은 일만 연이어 일어나는 것과 나쁜 암시에도 그 일이 오히려 전화위복처럼 좋은 일로 결론 짓는 것을 말한다. 그날만 꼭집어서 운수대통이라고도 할 수 있다. 회사에 지각을 했는데 상사가 자리에 없었다든지 크게 준비하지 않은 프리젠테이션임에도 평가가 좋았다라던지도 이에 해당한다. 어려운 시험 문제가 출제 되었는데, 시험보기 조금 전 외웠던 부분이라 부담 없이 문제를 풀어나간 것도 샐리의 법칙이다. 가족을 위한 특별한 케이크를 사러 유명한 제과점에 갔는데. 딱 하나 남은 것을 살 수 있었다면 샐리의 법칙에 해당한다.

그러나 인생은 좋은 일만 일어날 수 없고, 나쁜 일만 일어나지도 않는다.

1%의 머피의 법칙과 1%의 샐리의 법칙이 섞여 있다면 98%는 평범한 운수로 대부분 살고 있는 것이 인생이 아닐까?

스트링 아트 **1909년**

직선만으로 곡선의 아름다움을 표현한 메리 불

메리 불$^{\text{Mary Everest Boole, 1832~1916}}$은 여류 수학자이며 독학으로 수학자의 길을 걸은 것으로 유명하다. 메리 불은 수학에 대해 아이들이 흥미를 가지도록 1909년 1월 《철학과 재미있는 대수학 $^{\text{Philosophy and Fun of Algebra}}$》을 발표했다.

《철학과 재미있는 대수학》은 동화 형식(스토리텔링 형식을 갖춘 듯함)을 차용해 쉽게 설명이 되었으며 흥미를 유도하도록 재밌게 구성되어 있다. 그중 11장 〈멕베스의 실수〉 편에서 셰익스피어의 작품은 상상의 나라에서 안전하게 여행하기 바라는 사람들의 로드 맵이라는 구절도 독자의 흥미를 유발했다.

12장 〈야곱의 사다리〉 편에서는 우화 이야기와 은유, 비유를 하면서 정직하고 올바른 생각을 유도하는데, 마지막 문구에서 '우리는 당신이 어떻게 나아가야 하는지를 보여줄 것이다. 단계적으로 인내심을 가져라. 그리고 마법의 카펫을 타고 다니지 말아라'라는 구절이 있다.

15장 $\sqrt{-1}$편에서는 허수 i가 천사이자 알 수 없는 것의 위대한 세계에서 온 메신저로 동화처럼 소개하고 있다. 이차방정식을 풀다가 나타나는 수가 허수일 수도 있으며, 이 수는 3차원에 존재하지 않는다는 설명이 있다.

16장의 무한대^{infinity} 편에는 아이들이 방을 통과하는 조건인 케이크의 몫에 대해 설명한다. 방을 통과하려면 케이크의 나눈 등분의 몫을 아이들이 반드시 가져야 한다. 그래서 케이크의 크기가 중요하다. 몫은 아이들이 똑같이 나누는 조건이다. 방을 통과하면서 아이 12명에게 1파운드씩 케이크를 나누어 주는 것이 불가능하다면 그보다 더 작은 단위인 1온스로 나누어 주면 방을 통과할 수 있다. 이것은 케이크의 크기에 따라 몫이 결정된다는 것을 보여준다.

그런데 이제 더 이상 케이크가 없다면 어떻게 될까? 그러면 케이크의 크기는 더 이상 문제가 되지 않고, 아이들이 먹을 몫도 없게 된다. 케이크의 크기가 없다는 것은 몫도 0이 된다는 것으로 몫이 있어야 방을 통과한다는 가정이 바뀌므로 방을 자유롭게 지날 수 있다. 그러면 아이

들의 숫자도 정할 필요 없이 무한대가 될 것이다. 케이크라는 제약조건이 없기 때문에 지나가는 아이들의 숫자 또한 결정할 필요가 없기 때문이다.

무한대(∞)를 큰 수로 나타내기보다는 끝없이 결정할 수 없는 현상과 규칙의 벗어남을 보여주는 예로, 역시 동화식으로 설명했지만 아이들의 눈높이에서 무한대의 의미를 설명한 저서로 볼 수 있다.

메리 불은 아이들과 한걸음 더 가까이 학습하기 위해 스트링 아트를 창안했다.

스트링 아트는 일정한 규칙에 따라 선분을 그으면 선분의 접점에서 나타나는 곡선들의 미학 예술이자 수학의 한 분야이다.

스트링 아트를 만드는 과정에서는 수학이 규칙적으로 포함하는 예가 많다. 혹시 컴퍼스로 선분을 그어 그린 것이 아닐까 하는 생각이 드는 그림들이 많지만 스트링 아트에서는 선분으로만 이루어져 완성한 것이다.

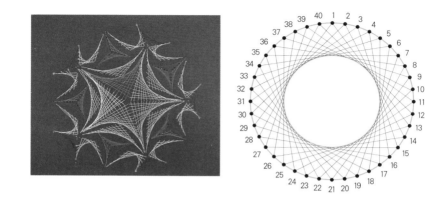

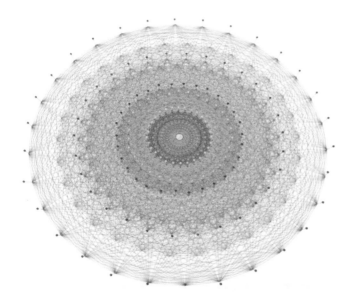

스트링 아트는 학교 교육에서도 배운다. 제도와 작도, 미술 시간에도 배울 수 있는 신비로운 수학영역이자 예술 분야이다.

남편은 기호 논리학으로 컴퓨터 연산의 기본을 확립한 조지 불 George Boole, 1815~1864이다. 부부 모두 수학자인 것이다. 또한 그들의 자녀들과 사위 중에서도 수학자들을 배출했다.

메리 불은 아이들에게 수학을 가르치는 커리큘럼의 하나로 스트링 아트를 소개했다. 지금도 세계의 초등 교과서에는 이 내용을 '규칙에 따라 선분 긋기'에 관한 문제로 수업한다.

스트링 아트는 항상 '직선과 규칙의 아름다운 만남'이라는 수식어가 붙는다. 일정한 함수 규칙에 따라 선분을 연결하면 아름다운 곡선이 만들어진다.

수학과 언어를 연결한 불대수를
개발한 조지 불

　1847년 조지 불은 0과 1의 두 숫자와 그리고를 뜻하는 'and', 또는을 뜻하는 'or', 부정을 뜻하는 'not'으로 논리 계산을 개발했다. 각각의 집합 자체에 무엇이 있는지, 두 집합에 공통으로 들어 있는 것이 무엇인지와 어느 집합에도 포함하지 않은 것에 대한 표시 등 집합 사이의 관계를 보여준 것이다. 이것이 불수학인데. 철학적 논리를 수학적으로 구현한 것으로 평가받는다.

　영국의 수학자 드 모르간$^{Augustus\ de\ Morgan,\ 1806~1871}$도 19세기의 기호 논리학에 공헌한 바가 있다. 조지 불의 사후 73년 후에 미국의 수학자 클로드 섀넌$^{Claude\ Elwood\ Shannon,\ 1916~2001}$은 석사 논문에서 전화 교환기에 사용하는 계전기와 스위치만으로 불 논리 및 이진수의 사칙연산을 수행할 수 있음을 증명했다. 불대수학에서 아이디어를 따와 이진수인 0과 1로도 컴퓨터의 모든 정보를 나타낼 수 있다는 것을 밝힌 것이다. 이로써 컴퓨터의 디지털 시대가 출현한다. 그는 이 업적을 인정받아 1940년 프린스턴 고등연구소에 초빙을 받게 된다.

내시균형 1950년

게임 이론으로 노벨경제학상을 받은 수학자 존 내시

존 내시[John Forbes Nash, Jr, 1928~2015]는 게임 이론의 하나인 내시균형(내시평형으로도 부른다.)으로 유명한 수학자이다. 내시균형은 1950년 1월 15일 박사논문에 소개한 이론이다. 박사논문의 제목은 〈비협력적 게임들[Non-cooperative Games]〉이다. 이 이론으로 내시는 1994년 노벨 경제학상을 받게 된다.

내시균형은 지금도 수학, 경제학, 심리학, 범죄학, 생태학, 정치학, 군사 전략, 기업 전략, 블록체인과 인공지능에도 폭넓게 활용하는 중대한 이론이다. 심지어 축구경기의 승부차기와 패널티 킥에서 종종 보이기도 하다.

내시균형은 게임이나 경기에서 상대방의 대응에 따라 최선의 유리한 전략을 선택하여 서로가 자신의 전략을 바꾸지 않는 상태를 말한다. 이 상태에서는 상대방이나 자신 모두 이익될 것이 없기에 전략을 바꾸지 않는 것이다.

내시는 1928년 미국 웨스트버지니아 주에서 태어나 17살이던 1945년에 카네기 공과대학교에 전액 장학생으로 입학했다. 그는 도중에 화학과로 전과했다가 다시 수학과로 전과한 뒤 대학원에서 석사학위를 받게 된다. 2년 뒤에는 프린스턴 대학원에서 박사학위를 취득했다.

대학원에 다닐 때 내시는 천재라는 꼬리표를 달고 다닐 정도로 수학적 재능이 널리 알려졌다.

1957년 제자와 결혼한 내시는 1958년 30살이라는 젊은 나이에 필즈상 후보로 노미네이트되었으나 수상은 불발되었다. 그는 미국의 유명한 경제잡지인 〈포춘〉에도 우수한 젊은 수학자로 평가받을 정도로 수학적 재능을 인정받았지만 불운하게도 이때부터 조현병으로 고생하기 시작했다.

조현병이 별다른 호전을 보이지 않자 그는 이민도 고려했지만

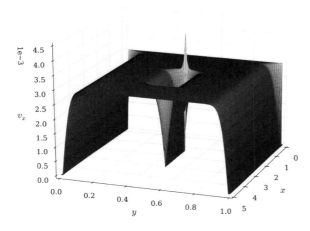
나비에-스토크스 방정식 3d 이미지.

가족의 만류로 치료를 받고 잠시 완화되었다. 내시는 조현병으로 치료받던 중에도 편미분 방정식 연구로 나비에－스토크스 방정식 Navier－Stokes equations 발전에 공헌하기도 했다. 유체역학을 배운다면 반드시 거쳐가는 학문 분야인 나비에－스토크스 방정식은 물리학은 물론, 토목공학, 화학공학, 재료공학뿐 아니라 영화와 애니메이션의 특수연출에도 많이 활용하는 방정식이다. 뿐만 아니라 특히 대수 기하학에도 많은 기여를 했다.

오랫동안 조현병으로 지루하고 괴로운 치료과정을 거쳐야 했던 내시는 부인의 내조로 이겨낸 후 1978년 〈게임 이론〉으로 '폰 노이만 이론상'을 받았다.

내시는 오만하고 허영심이 강한 인물로도 알려져 있다. 그러면서도 자신만의 독특한 이론으로 학술계의 지목을 받았다. 남들의 이론에 크게 얽매이지 않고 독창적으로 연구한 것이다.

1994년에는 게임 이론에 기여한 공로로 존 하사니[John Harsanyi], 라인하르트 젤텐[Reinhard Selten]과 함께 노벨 경제학상을 공동 수상했다.

오랫동안 괴롭히던 조현병을 극복하고 이처럼 활발하게 연구를 하던 내시는 안타깝게도 2015년 87세에 부인과 함께 교통사고로 사망했다.

게임 이론을 설명할 때 등장하는 죄수의 딜레마는 미국 싱크탱크 랜드연구소의 멜빈 드레셔[Melvin Dresher, 1911~1992], 메릴 플러드[Merrill Meeks Flood, 1908~1991]가 만든 모순 이론이다. 내시균형을 발표한 1950년에 등장한 '죄수의 딜레마'는 두 사람의 협력적 선택이 서로에게 유리한 최선의 선택인데도 자신에게만 이익이 되는 선택을 해 자신과 상대방 둘 다 나쁜 결과를 초래한다는 내시균형의 대표적 예이다. 현재 게임 이론 중 가장 널리 알려진 것이 죄수의 딜레마이다.

경찰이 구치소에 A와 B 두 명의 죄수(피의자로도 정할 수 있다)를 따로 가두었다. 경찰은 죄수에 대해 죄목에 대한 혐의 입증이 부족하여 즉시 3가지 제안을 한다.

1 둘 중 한명이 범죄를 자백하면 한 명은 풀어주고 다른 한명은 더 무거운 형벌을 받을 것이다.

2 둘 다 침묵하면 범죄에 대한 입증을 못하므로 다른 범죄를 적용하여 둘 다 가벼운 형량을 줄 것이다.

3 둘 다 범죄에 대해 자백하면 **1, 2**의 절반이 되는 형량을 줄 것이다.

위의 3가지 제안을 토대로 죄수의 딜레마의 고전적 예를 나타내면 다음 표와 같다.

	B가 자백할 때	B가 침묵할 때
A가 자백할 때	둘 다 6년형	A는 석방, B는 10년형
A가 침묵할 때	A는 10년형, B는 석방	둘 다 2년

위의 표를 보더라도 죄수 A, B 둘 다 침묵하여 2년의 형량을 받는 것이 가장 나은 전략임을 예상할 수 있다. 그러나 A의 입장에서는 자백하는 것이 자신에게 유리한 전략이며, B도 침묵보다는 자백이 더 유리하기 때문에 각자 자백을 선택할 수 있다. 따라서 둘 모두 결국 자백하면 둘 모두 침묵했을 때의 2년형이 아니라 6년형의 형벌을 받게 된다. 그 결과 A, B가 각각 6년형을 받으므

로 합이 12년이 되어 A가 자백하고 B가 침묵할 때(또는 B가 자백하고 A가 침묵할 때)의 10년 형보다 더 크게 된다. 그렇다면 각자가 자신의 이익을 위해 행동한 것이 불리한 결과를 낳아 오히려 내시균형은 딜레마에 빠진 것이 된다.

죄수의 딜레마는 아담 스미스의 국부론에 반기를 든 이론이다.

　죄수의 딜레마는 자신의 최선의 선택이 집단에 이익을 부여한다는 정치학자이며 경제학자이자 철학자인 아담 스미스[Adam Smith, 1723~1790]의 국부론과 대조된다. 아담 스미스는 개인의 이익 극대화는 국가를 포함한 사회 전체의 이익의 극대화를 이룰 수 있다고 했다. 그런데 죄수의 딜레마는 개인의 이익 극대화는 오히려 상호 간의 손실을 유발한 결과를 보여주기 때문에 주류 경제학에 반기를 든 것이 되었다. 그러다보니 역설의 대표적 예로도 많이 사용한다.

펜로즈의 블랙홀 이론 1965년

결국 노벨 물리학상의 영예를 갖다!

블랙홀 하면 여러분은 아인슈타인과 스티븐 호킹을 떠올릴 것이다. SF 영화를 좋아하는 사람이라면 영화 인터스텔라를 자문한 킵 손 교수도 떠오를 수 있다. 영국의 수학자 로저 펜로즈^{Roger} $_{Penrose, 1931~}$도 블랙홀 이론에서 유명한 학자이자 교수이다. 펜로즈는 아인슈타인의 사후인 1965년 1월 '특이점'에 관한 이론을 발표한다. 이것은 아인슈타인의 일반상대성이론의 한계를 깨는 도전이었으며 기존 물리학법칙에 어긋난 것으로 보였다. 그러나 펜로즈의 이론은 그에게 2020년 10월 6일 노벨 물리학상의 영예를 안겨주었다.

펜로즈의 이론을 좀 더 단순하게 설명하면 아인슈타인의 일반상대성이론의 결과가 블랙홀이고 이에 대해 수학적으로 설명한 것이다.

천문학자 뫼비우스와 네이피어가 과학자임에도 불구하고 수학으로 유명했다면 펜로즈는 거꾸로 수학자임에도 과학의 영역에 속하는 블랙홀의 연구 분야에 업적을 남기며 과학으로 유명해졌다.

1963년 독일의 마르텐 슈미트는 퀘이사 3C 273의 발견에 관심을 갖게 되어 블랙홀 연구를 시작했다고 한다. 퀘이사는 6억 광년

아인슈타인과 2019년 최초로 확인된 블랙홀 이미지.

허블우주망원경으로 촬영한 퀘이사 3C 273 이미지.

에서 280억 광년 사이에서 발견하는 점광원이자 전파원이다. 강한 전파를 발산하는 천체인 것이다.

펜로즈는 별들의 집합이 중력붕괴를 일으켜 블랙홀로 변하는 것을 사고의 시초로 삼았다. 그리고 블랙홀은 내부로 향하는 중력이 너무 강해서 빛조차도 탈출할 수 없는 우주의 지대라고 역설했다.

1969년에 펜로즈는 '펜로즈 과정$^{Penrose\ process}$'을 통해 블랙홀이 상대의 에너지를 빼앗기만 하는 것은 아니며 전송도 할 수 있음을 설명했다. 그는 호킹 박사와 함께 특이점 정리를 오랜 기간 연구했지만 2018년 호킹 박사가 세상을 떠나면서 노벨 물리학상은 펜로즈가 받게 되었다.

물리학과 수학에서 유명한 펜로즈이지만 일상생활에서도 그의 흔적을 볼 수 있다. 바로 펜로즈 계단, 펜로즈 타일, 펜로즈 삼각형이다.

펜로즈의 계단은 부친 라이오넬 펜로즈와 같이 개발한 것으로, 2차원으로는 그릴 수 있지만 3차원으로 구현하지 못하는 고안 불가능의 계단으로, 끝없이 올라가거나 내려가는 신기한 계단이다. 주로 착시현상에서 나오는 이미지이며, 뫼비우스의 띠처럼 무한대를 설명할 때 드는 예이기도 한다. 펜로즈의 삼각형을 응용하면 펜로즈의 계단을 완성할 수 있다.

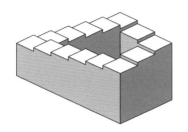

펜로즈 계단.

펜로즈 삼각형.

펜로즈 타일은 두 종류의 마름모로 구성한 주기성이 불규칙한 쪽매맞춤이다. 일반적 타일과 달리 규칙성을 찾기가 어려우며, 준결정체이다.

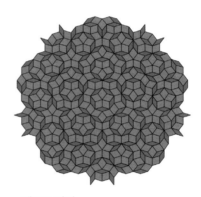

펜로즈 타일.

소금이나 금속은 원자의 배열이 일정한 규칙을 보인다. 전자현미경으로 들여다보면 원자군이 대칭적으로 이루어져 있음을 확인할 수 있다. 결정체 물질인 것이다. 그리고 유리는 원자군이 불규칙하게 배열한 비결정질 물질이다. 결정질과 비결정질의 중간인 준결정질은 바로 펜로즈 타일이다. 준결정체는 제3의 고체로 부르기도 한다.

펜로즈 타일은 마름모 형태의 서로 다른 두 가지 도형으로 평면을 꽉 채울 수 있는 것을 보여준다.

패턴의 반복이 없어도 평면을 꽉 채울 수 있다는 연구 결과를 토대로 공학계에는 이미 이용한다. 화학과 금속재료공학계에서도 결정의 구조를 준결정 구조로 바꾸면 결정체의 단단함과 비결정체의 전기를 잘 통하지 않는 성질을 혼합하여 신소재 개발을 할 수 있다는 연구 결과를 내놓았다. 펜로즈 타일은 우리가 사용하는 면도날, 프라이팬의 코팅재, 단열재, 전자제품의 외장재, 자동차 부품 등에서도 이미 응용되고 있다.

인공지능의 시대가 된 현대 사회에 많은 영향을 주고 있는 퍼지 이론

1965년 펜로즈의 블랙홀에 대한 이론을 발표했을 당시 퍼지 이론은 학계에서는 크게 관심을 받지는 못했다. 컴퓨터의 2진법 체계에 어긋나며, 퍼지 이론이 인공지능과 결합한 현대의 5G 시대에는 당연한 생각이 그때는 이르지 못했기 때문이다. 그러나 퍼지 이론은 발표 당시에는 인정받지 못했지만 감추어진 보석 같은 이론이다. 수학은 x를 대입하면 y로 결론이 나오는 완벽한 학문으로 생각하기 쉬우나 항상 참인 것은 아니다. 수학은 증명이 논리적이어야 하며 애매모호하면 받아들이기 어려운 학문으로 틀이 정해져 있기 때문이다. 그런데 애매모호한 부분을 이론적으로 수용하는 수학 분야가 있다. 바로 퍼지 이론^{fuzzy theory}이다.

퍼지는 영어로도 '애매하다'와 '모호하다'라는 뜻을 가지고 있다.

전통 논리는 참과 거짓 두 가지만 따진다. 그리고 컴퓨터는 0과 1의 이진수만을 사용한다. 그런데 퍼지는 참과 거짓을 따지기 어려운 것을 받아들이며, 0과 1이 아닌 그

사이의 값을 갖도록 해를 찾는 것이다.

우리는 살면서 저 물체가 큰지 작은지에 대해서 두 가지로만 얘기할 수 없다. 이분법적 대화를 이끌어내듯이 '예' 아니면 '아니오'에 해당하지 않는 경우가 종종 있기 때문이다.

이런 이분법적인 것을 벗어나 조금 더 수치적^{numeric}으로 정교하게 분석하는 학문이 퍼지 이론이다.

퍼지 이론은 1965년 이란 출신의 자데$^{Lotfi\ Aliasker\ Zadeh,}$ $^{1921\sim2017}$ 교수가 창안한 이론이다. 회사 또는 가족을 포함한 조직 중에서 안경을 쓴 직원의 수를 구하라면 정확하게 대답할 수 있을 것이다. 이것은 숫자를 셀 수 있으므로 집합이론이다. 그러나 눈이 좋은 직원의 수를 구하라면 기준이 모호하기 때문에 구하는 것은 불가능하다.

하지만 시력에 대해 임의적으로 구분을 지을 수는 있다. 그 기준을 세워보는 것이다. 0.1은 시력이 좋은 것은 아니니 점점 그 도수를 올려 0.1 미만은 시력이 매우 안 좋음. 0.1 이상부터 0.5 미만까지는 시력이 좋지 않음, 0.5 이상부터 1.2 미만까지는 시력이 보통, 1.2 이상은 좋은 시력임 등 4개의 구간으로 임의적으로 분류하면, 나눈 구간에 속한 시력이 어느 정도 좋은 건지 나쁜 건지 판단하여 측정할 수도 있다.

　수돗물도 뜨거운 물과 차가운 물만 존재하는 것이 아니다. 미지근한 물도 있다. 이처럼 인간이 느끼는 기준을 인공지능에 적용하는 것도 퍼지 이론의 연구 과정이다. 컴퓨터는 애매모호한 것에 대해 분석과 처리가 어렵다. 그러나 퍼지 논리를 적용하면 복잡한 논리가 실현되어 인간에게 적합한 이용가치를 보여줄 수 있다. 인공지능에 의해서 로봇을 작동시킬 때 로봇의 다리를 구부리는 것도 몇 개의 등분으로 구분해서 인간의 관절처럼 매우 정교한 동작이 가능해지도록 할 수 있다.

　따라서 복잡성을 적용하려면 퍼지 이론이 많이 필요하며 공학에 추상적인 개념을 적용함으로써 더욱 미래지향적인 이론이 된다. 우리가 자주 쓰는 스마트폰 카메라에도 퍼지 이론을 적용한다. 자동초점 렌즈에 퍼지 논리가 들어간 것이다. 세탁기를 쓸 때 세제의 양을 조절하는

핸드폰의 자동 초점 렌즈.

것 또한 퍼지 논리가 들어간다. 철도의 교통 통제와 자율 주행자동차의 제어 장치, 안전장치에도 퍼지 이론을 적용하고 있으며 갈수록 퍼지 이론이 이용되는 분야는 많아질 수밖에 없다. 따라서 인공지능의 역할이 커지는 현대사회에서는 퍼지 이론의 중요성이 더 커질 수밖에 없고 앞으로도 그 필요성은 더 커질 것임을 알 수 있다.

　호모 사피엔스의 시대는 20만 년이었지만 퍼지 이론을 포함한 인공지능은 출현한지 60여년 밖에 되지 않았다. 이처럼 인류의 역사에 등장한 시기는 매우 짧음에도 퍼지 이론이 인류사에 미치는 영향은 커져만 갈 것이다.

프랙털 1975년

자연 속 패턴을 수학으로 풀다

수학으로 시작했지만 과학부터 건축, 디자인 분야까지 매우 활발하게 이용하는 수학이 있다. 다양하게 활용 가능하고 유용하면서도 신비감을 주는 이것은 바로 프랙털이다.

프랙털은 '자기 닮음'의 연속체를 반복하여 시각적으로 보여주며 프랙털은 패턴 분석을 할 때 많이 사용하며 건축학의 미학적 설계에도 많이 이용한다.

프랙털은 우리 생활 가까이에서 쉽게 찾아볼 수 있다. 인간의 뇌와 폐포, 심혈관과 DNA도 프랙털 모양을 갖는다. 지진계를 측청

할 때와 파킨스 씨 병의 환자 관찰에도 프랙털을 찾아볼 수 있다. 그리고 우리 시야에는 복잡하게 보이는 프랙털이 사실은 단순한 반복의 형태를 갖추고 있다는 것은 매우 재미있는 일이다.

프랙털은 1975년 1월 1일 출간된 망델브로의 논문이자 저서인 〈프랙털 – 형태, 우연성과 차원$^{\text{Les objets fractals: Forme, hasard et dimension}}$〉에서 처음 나온 용어이다. 물론 프랙털과 비슷한 주제의 연구는 그 이전에도 있었지만 대중적으로 널리 알린 수학자는 브누아 망델브로$^{\text{Benoît B. Mandelbrot, 1924~2010}}$이다. 그래서 프랙털 기하학의 개척자라고도 불린다.

망델브로는 프랑스의 저명한 수학자이던 외삼촌으로부터 수학을 배웠으며 20대에는 제2차 세계대전이 일어나자 미국과 프랑스로 이주하여 박사학위를 취득했다.

그는 그 후 경제학과 유체역학, 정보이론 등 다양한 분야에서 많은 연구를 했으며, 카오스 이론에도 그는 선두적 연구를 진행했을 정도였다. 그런데 카오스 이론을 연구하다가 프랙털을 발견하게 되었다.

우리가 관찰 가능한 프랙털로는 해안선, 브로콜리, 나뭇잎, 고사리 등 아주 다양하다.

망델브로가 고안한 프랙털의 일종으로 망델브로 집합이 있다. 망델브로 집합은 부분을 확대하면 비슷한 구조가 끝없이 반복하는 물체이다. 망델브로 집합의 점화식은 간단하다.

$$z_0 = 0, \ z_{n+1} = z_n^2 + c \quad (\text{여기서 } z \text{와 } c \text{는 복소수이다})$$

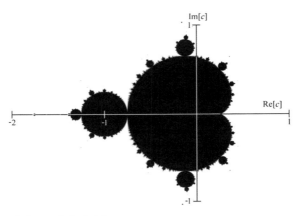

망델브로 집합 이미지.

프랙털은 많은 수학자들의 흥미를 불러 발전해오면서 그 종류도 다양해졌다. 그중 가장 대표적인 것이 발견한 수학자의 이름이 붙은 시에르핀스키 삼각형이다. 시에르핀스키 삼각형을 만드는 방법은 다음과 같다.

1단계 정삼각형 한 개를 그린다. 정삼각형의 색은 검정색이다.

2단계 정삼각형의 각 변의 중점을 연결하면 4개의 정삼각형을 만들 수 있다. 가운데 만들어지는 삼각형 1개는 검정색을 제거한다.

3단계 2와 같은 방법으로 3개의 정삼각형에 똑같이 되풀이한다.

4단계 계속 반복한다.

1단계에서 5단계까지 되풀이한 시에르핀스키 삼각형은 왼쪽 아래의 모습이 된다. 그리고 이는 무한반복할 수 있다.

이제 시에르핀스키 삼각형을 좀 더 자세히 살펴보자.

정삼각형의 처음 둘레를 3으로 하면, 두 번째 단계에서 둘레는 4.5이다. 즉 1.5배가 된다. 둘레의 극한값을 구하면 $\lim\limits_{n \to \infty}\left(\dfrac{3}{2}\right)^n = \infty$ 이다.

1단계에서 삼각형의 넓이를 1로 가정하면 2단계에서는 $\dfrac{3}{4}$ 으로 줄어든다. 따라서 넓이의 극한값을 구하면 $\lim\limits_{n \to \infty}\left(\dfrac{3}{4}\right)^n = 0$ 이다. 이로써 프랙털을 반복할수록 둘레는 무한대가 되고, 넓이는 0에 가까워진다는 것을 알 수 있다.

그렇다면 프랙털을 이용해 해안선의 길이를 잴 수 있을까? 굴곡 많은 해안선을 자로 재는 것은 매우 어렵다. 자로 재려는 사람을 보게 된다면 여러분은 그의 지능을 의심할지도 모른다. 만약 너무 심심하고 궁금해서 직접 시도해본다고 해도 해안선의 길이를 정확하게 재는 것은 불가능하다는 것을 알게 될 것이다.

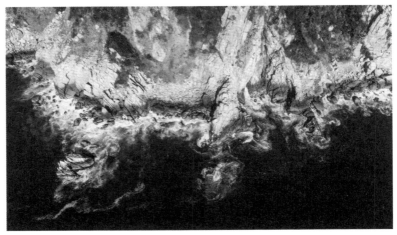

해안선.

다음 그림을 보자. 프랙털의 한 종류인 코흐 곡선을 나타낸 것이다. 코흐 곡선이 단계가 올라갈수록 점점 더 뾰족하고 더욱 자세한 그림이 된다. 이것은 점점 더 작은 자로 해안선의 길이나 둘레를 재는 것으로 비유할 수 있다. 선분의 개수가 더 많아질수록 더욱 정확해지기 때문이다.

1단계   2단계   3단계

4단계   5단계

코흐 곡선을 그리는 단계는 다음과 같다.

1단계   한 개의 선분을 3등분한다.

2단계   가운데 부분을 제거한다. 그리고 제거한 부분의 양 끝점을 정삼각형 모양으로 잇는다.

3단계   2단계에서 만들어진 4개의 선분을 3등분한 후 2단계의 방법과 같이 가운데 부분을 제거한다. 그리고 제거한 부분의 양 끝점을 정삼각형 모양으로 잇는다.

4단계   3단계에서 만들어진 16개의 선분을 3등분한 후 가운데 부분을 제거한다. 그리고 제거한 부분의 양 끝점을 정삼각형 모양으로 잇는다.

5단계   4단계에서 만들어진 64개의 선분을 3등분한 후 가운데 부분을 제거한다. 그리고 제거한 부분의 양 끝점을 정삼각형 모양으로 잇는다.

⋮ (계속 반복한다.)

2단계에서는 4개의 선분이, 3단계에는 16개, 4단계에서는 64개로 늘고 있다. 5단계까지만 실행해도 코흐 곡선이 화려하지만 정교하게 그려지는 것을 알 수 있다. 선분의 개수가 계속 늘어나면 길이도 계속 늘어난다. 선분의 길이는 등비수열로 무한대로 늘어난다. 그러므로 코흐 곡선을 이용하면 해안선의 길이는 무한대(∞)가 되어 구할 수는 없다고 수학적으로 해석할 수 있다. 또한 해안선의 둘레에 관한 프랙털 차원은 약 1.2619차원으로 선분을 가리키는 1차원과 평면을 가리키는 2차원 사이의 신비한 차원이다.

코흐 곡선을 조금 더 응용한 것으로 잘 알려진 코흐 눈송이[Koch snowflake]도 있다. 한변의 길이를 a로 하면 둘레는 무한대(∞)로 발산하지만 넓이는 $\frac{2}{5}\sqrt{3}a^2$으로 유한한 신비한 프랙털 도형이다.

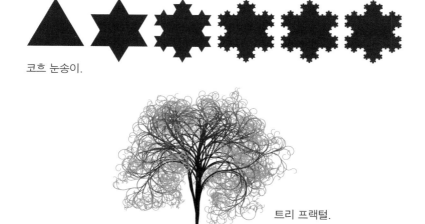

코흐 눈송이.

트리 프랙털.

해안선 역설
-프랙털 차원을 나타내다

해안선 역설은 해안선 또는 국경선의 둘레나 길이를 정확히 측정하는 것은 불가능하므로 뚜렷한 측정 기준을 내놓지 못하는 것을 말한다. 또한 해안선 역설은 어느 국가이든 해안선과 국경선을 잴 때 측정하는 자의 길이가 짧을수록 그 길이나 둘레는 무한대라는 것을 알려준다.

해안선 역설이 나타난 배경에는 지도 제작자나 행정 관료들이 해안선이나 국경선의 둘레나 길이가 제각각 상이함에 있다. 해안선에 초소를 설치하는데, 해안선의 길이가 정확하지 못해서 간격을 일정하게 두고 설치해도 어떤 때는 부족하고, 어떤 때는 초과하여 오차가 큰 경우가 자주 발생하기 때문이다.

처음 문제가 제기된 영토는 스페인과 포르투갈의 국경선이었다. 해안선 역설 문제는 국경을 접한 나라가 2개 이상일 때, 경계선에 서로 주장하는 바가 달라서 분쟁만 커질 때가 많다.

해안선은 측정하는 자의 길이가 짧아질수록 경계선의 윤곽을 더 정밀하게 재므로 길이가 더 길어진다. 즉, 자의

스페인과 포르투칼의
지도.

길이가 0에 수렴할수록 경계선의 길이는 무한대에 가까
워진다.

이러한 논리를 생각한 수학자는 루이스 리처드슨^{Lewis Fry}
^{Richardson, 1881~1953}이다. 그 후 망델브로는 영국의 해안선
에 관한 측정 연구를 진행해 영국 브리튼 섬 해안선의 프
랙털 차원은 약 1.2619차원으로 계산했다고 발표했다.

다음을 살펴보자. 노르웨이의 해안선 길이는 58,133km,
러시아는 37,653km이다. 러시아(면적:17,098,242km²)
가 노르웨이(면적:385,207km²)보다 면적이 약 44배 더 넓
은 국가라는 것을 볼 때 쉽게 납득할 수 있는 자료는 아닐
것이다. 그러나 노르웨이는 피오르드(빙하가 녹아 만들어진
길고 좁은 만)가 많아서 더 정밀하게 측정했을 때 정부에서

해안선의 길이를 측정하기에 더 긴 것이므로, 면적만으로 해안선의 길이를 예상하는 것은 섣부른 판단이라는 것을 알 수 있다.

그래픽으로 구현한 프랙털 아트.

프랙털을 이용한 건축물.

루빅스 큐브 1980년

구조 기하학적 개념을 설명하기 위해 만들어진
루빅스 큐브가 세상을 즐겁게 하다

루빅스 큐브^{Rubik's Cube}는 누구나 어렸을 때 만져보거나 놀았던 기억나는 장난감이자 교구일 것이다. 루빅스 큐브를 개발한 에르뇨 루빅^{Ernő Rubik, 1944~}은 1975년에 특허를 내고, 1977년 크리스마스 이전에 매직 큐브^{Magic Cube}라는 명칭으로 헝가리 전역에 출시했다. 그리고 1980년부터는 전 세계에 판매하기 시작하여 3억 개 이상 팔린 베스트셀러 중 하나가 되었다.

여러분은 큐브 맞추기를 해본 적이 있을 것이다. 보통 27개의 큐브를 움직여서 각 면의 색을 맞춰보는 게임이다. 에르뇨 루빅은

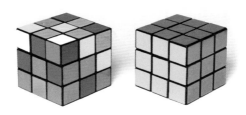

학생들에게 독립적으로 움직이는 부분들로 이뤄진 하나의 전체라는 구조 기하학적 개념을 설명하기 위한 교구로 루빅스 큐브를 만들어 1980년 1월 29일 판매를 시작했다.

루빅스 큐브는 27개의 블록을 배열하는 가짓수가 무려 4,300경 개를 넘으며, 최초의 루빅스 큐브 대회가 1981년 3월 13일 뮌헨에서 열린 후 매해 대회가 개최되고 있다. 쥬리 프로슬[Jury Froeschl]이 승리했고 38초를 기록했다. 최단기록으로는 2018년 11월 중국인 위성두[宇生杜]가 세운 3.47초이다. 인공지능 컴퓨터로는 독일 마이크로칩 업체인 인피니온 사의 생체 모방 로봇 '루빅스 컨트랩션'이 2018년 3월 수립한 0.38초다. 앞으로도 신기록이 나올 가능성은 있다. 2019년 미국 캘리포니아대 연구원들은 1초 내에 인공지능으로 큐브를 맞췄다. 이 연구에서 연구원들은 사람이 루빅스 큐브를 맞추는 방법은 인공지능과는 상이하다는 결론도 얻었다.

MIT에서는 0.35초 내에 인공지능으로 루빅스 큐브를 맞추는 연구 결과도 발표했다. 최근 애플리케이션 중에는 스마트 폰 속 루빅스 큐브를 따라하면서 푸는 것도 있다.

현재 다양한 형태의 루빅스 큐브들이 개발되고 있다.

리군 *E*₈ 2007년

군론에서 발전한 리군이 물리학 발전에 기여하다

군론은 아벨$^{\text{Niels Henrik Abel, 1802~1829}}$과 갈루아의 대수방정식에서 출발한다. 5차 방정식의 근을 구하는 공식이 없음을 군론으로 증명했는데, 군론을 대칭으로 설명한 것이다. 이 후 군론은 대수학에서 범위를 넓혀 기하학 분야에서도 연구를 진행했다. 군은 대칭성을 수학적으로 풀어낸 것이다. 동시에 대칭은 물리학에서도 중요한 연구 이슈이다. 군 중에서 매끄러운 다양체를 가진 리군$^{\text{Lie Group}}$은 19세기 노르웨이의 수학자 소푸스 리$^{\text{Marius Sophus Lie, 1842~1899}}$가 도입했다. 3차원에서 구 또는 원뿔, 원기둥처럼 대칭인 도형은 리군으로 나타낼 수 있다.

리군 중에서 가장 복잡한 차원의 기하학 도형이 있다. 바로 리군 E_8인데 248차원으로 독일의 수학자 빌헬름 카를 요제프 킬링 Wilhelm Karl Joseph Killing,1847~1923이 1887년에 존재의 가능성을 제시했다. 그러나 당시 리군의 구조는 알지 못했다.

리군 E_8의 구조를 알아낸 것은 2007년 1월 8일로 19명으로 이루어진 국제 과학자 그룹 '아틀라스'가 컴퓨터의 힘으로 밝혀냈다.

E_8 문제의 해법은 자연의 궁극적인 대칭구조를 증명하므로 물리학에 매우 중요한 기여를 할 것으로 전망한다. 특히 우주의 구조를 증명하는 초끈이론과 같은 고차원에서 필요한 이론이다.

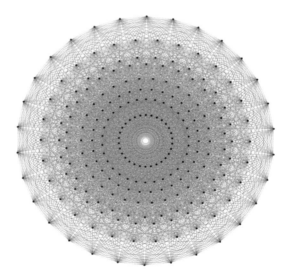

2007년 1월 8일 구조가 밝혀진 리군 E_8

'리군^{Ree群}' 이론을 창안하여 세계수학을 빛낸 이임학

한국이 낳은 군론의 천재가 2005년 세상을 떠났다. 수학자 이임학이다. 그는 캐나다 브리티시컬럼비아 대학 교수였으며, 한국계 캐나다인이다. 1922년 함경남도 함흥에서 태어나 어릴 적부터 수학적 재능이 뛰어났다. 일제시대 경성제대에서 물리학을 전공했으며 수학으로 전과하고 싶었지만 일본의 정책이 실용학문을 해야 한다고 하여 전과할 수 없었다.

그는 1945년부터 해방 후 서울대에서 교수로서 재직하던 중 1947년 어느 날 남대문 시장의 쓰레기 더미에서 우연하게 수학 학회지에 실린 막스 초른^{Max August Zorn, 1906~1993}의 2쪽짜리 논문을 발견했다. 그 논문에는 프린스턴 대학의 잘로몬 보흐너^{Salomon Bochner, 1899~1982} 교수가 제시한 미해결 문제가 있었다. 그는 논문에서 풀리지 않은 부분에 관한 내용을 편지에 적어 논문에 적힌 주소로 보냈다. 편지의 내용과 풀이방법에 관한 내용은 수학 학회지(1949년)에 실렸다. 최초로 해외 학술지에 발표된 논문이다. 외국교수와의 교류도 있었던 이임학은 1953

년 캐나다 브리티시 컬럼비아 대학에서 유학을 하여 2년 여 만에 박사학위를 받았다. 하지만 이임학은 학업을 마 쳤으니 귀국하라는 영사관의 촉구를 거절해서 결국은 여 권을 압수당해 무국적자가 된다. 그러자 캐나다 정부는 이임학에게 영주권과 시민권을 주어 그는 평생을 캐나다 인으로 살게 되었다. 그는 벤쿠버에서 계속 학업에 열중 했으며, 군론의 연구로 명성을 얻게 된다.

단순군의 분류가 수학계에서 이슈가 되던 날 프랑스의 수학자 슈발리$^{Claude\ Chevalley,1909\sim1984}$가 리대수에서 리군 을 구성하는 논문을 발표한다. 그러나 슈발리의 리군의 구조와 성질에 대해 수많은 수학자들은 어떤 의미를 갖는 지 증명하기 못한다.

1957년 이임학은 슈발리의 군의 구조에 대해 상세 히 증명했으며,1960년 새로운 단순군인 리군$^{Ree\ Group}$을 발견했다. 같은 해에 일본의 수학자 스즈키$^{Suzuki\ Michio,}$ $^{1926\sim1998}$가 리군에서 몇 개의 단순군을 발견해 스즈키 군 $^{Suzuki\ group}$으로 명명한다. 그렇지만 스즈키 군의 구조에 관해 명백히 밝힌 것은 이임학이었다. 이임학은 1960년 까지 14편의 단독 논문과 2편의 공동논문을 발표했다.

1982년 6월 장 디외도네$^{Jean\ Dieudonne,\ 1906\sim1992}$는 저

서 《순수수학의 파노라마^A Panorama of Pure Mathematics》에서 수학자 이임학을 군론에 큰 공헌을 한 수학자 21명 중 한 명으로 소개했다.

이임학은 1996년 대한수학회 50주년 기념식에 참석해 "한국의 수학자들이 정수론에 더욱 정진했으면 한다"라는 메시지를 남겼다.

유한단순군에 많은 기여를 했던 이임학은 알츠하이머병을 앓다가 2005년 1월 9일 세상을 떠난다.

1953년 정부에서 그의 여권을 빼앗지 않았다면 그래서 그가 고국으로 돌아왔다면 우리나라 수학계는 더욱 발전했을 것이라고 국내 수학자들은 모두 안타까워했다. 대한민국의 위대한 수학자의 마지막 자취였다.

택시수 1918년

사소한 것도 수학적으로 풀어낸 하디와 라마누잔

1729라는 숫자는 우리가 쓰는 수많은 네 자리 수 중 하나일 뿐이다. 숫자에 민감하다면 혹시 소수가 아닐까 하는 생각을 할 수도 있다. 물론 소수는 아니다. 답은 합성수다. 이처럼 평범해 보이는 수에서 하디[Godfrey Harold Hardy, 1877~1947]와 라마누잔[Srinivāsa Aiyangar Rāmānujan, 1887~1920]은 특별한 규칙을 발견했다. 그들에게 1729는 $1729 = 1^3 + 12^3 = 9^3 + 10^3$이 되는 두 가지 방법을 통해 세제곱의 합으로 나타낼 수 있는 가장 작은 특별한 수였다. 그래서 이 수는 '하디 − 라마누잔의 수' 또는 택시수로 부른다.

라마누잔과 고드프리 하
디 그리고 케임브리지 대
학 동문들.
맨 가운데가 라마누잔이다.

하디는 해석적 정수론^{Analytic Number Theory}의 전설이자 대가이다.
지금도 해석적 정수론은 수학계에서는 필즈상을 받는 코스라고
여겨질 만큼 난해하면서도 수학계의 발전에 필요한 정수론의 한
분야이다.

하디는 어려서부터 찬송가의 번호를 소인수분해하고, 백만 자릿
수도 사용할 줄 알았던 수학의 신동이었다. 케임브리지 대학은 그
가 잠시 옥스퍼드 대학에서 강의를 하던 시기를 제외하고는 삶을
마칠 때까지 후학을 양성하고 재직하던 대학이다.

하디가 한창 수학 연구에 몰두하던 시기는 제1차 세계대전이 있
었던 시기였다. 전쟁 때마다 획기적인 무기 개발을 위해 응용수학
을 이용했기 때문에 하디는 순수수학을 택했다. 제2차 세계대전
때에도 그는 여전히 순수수학을 연구했지만 원자 폭탄 개발과 암
호 해독에 그의 연구를 이용했다고 한다.

라마누잔은 독학으로 수학을 공부한 인도의 천재 수학자였다. 그는 다양한 분야의 수학을 연구했지만 특히 관심을 가진 분야는 무한대의 연구였으며 정수론 분야에서도 명성을 떨쳤다. 하지만 이 천재 수학자는 한참 연구에 몰두해야 할 나이인 32세에 안타깝게도 요절했다.

인도에서 수학을 연구하던 라마누잔은 어떻게 하디와 만나게 되었을까?

당시 하디는 이미 유명한 수학자였다. 라마누잔은 하디에게 자신이 발견한 수학 증명에 대한 검증을 요청하는 편지를 보냈다. 이 편지를 통해 라마누잔의 수학적 재능을 알아본 하디는 라마누잔을 1913년 영국으로 초청했다. 라마누잔이 마음 놓고 수학 연구에 집중할 수 있는 기회였다.

하지만 따뜻한 인도에서 살았던 라마누잔에게 습기가 많고 추운 영국의 날씨는 맞지 않았다. 또한 브라만 계급의 생활 습관을 지키던 라마누잔에게는 영국의 음식도 맞지 않았다.

결국 제1차 세계대전 때 영국 전역에서 실시한 배급제로 인해 라마누잔은 몸의 영양 상태가 망가져 중병을 앓게 되었다. 시름시름 앓던 라마누잔은 1918년 2월에 인도로 다시 돌아갔다. 택시수의 발견은 앓아 누운 라마누잔을 병문안하기 위해 택시를 타고 왔던 하디의 사사로운 이야기에서 탄생했다.

택시수의 발견에 관한 에피소드는 이렇다.

라마누잔의 병문안을 온 하디는 자신이 타고 온 택시 번호가 1729인데 너무 평범한 수라고 말했다.

그러자 라마누잔은 1729가 평범한 숫자가 아니라 두 가지 방법으로 세제곱의 합으로 나타낼 수 있는 가장 작은 수라고 설명했다. 수에 관한 탁월한 직감력을 가진 라마누잔이 위대한 발견을 한 것이다.

라마누잔의 정리 중에는 '모든 자연수의 합은 $-\frac{1}{12}$이다'라는 것이 있다. 모든 자연수의 합은 무한대(∞)라고 대체적으로 생각할 수 있는데, 라마누잔의 증명방법은 다음과 같다.

1 $1-1+1-1+1-1+\cdots$을 A로 정한다. 이때 $2A$는 다음처럼 더해 구한다.

$$A = 1-1+1-1+1-1+\cdots$$
$$+\underline{) \quad A = \quad\quad 1-1+1-1+1-1+\cdots}$$
$$2A = 1$$

따라서 $A = \frac{1}{2}$

2 $1-2+3-4+5-6+\cdots$을 A_2으로 정한다. 이때 $2A_2$는 다음처럼 더해 구한다.

$$A_2 = 1 - 2 + 3 - 4 + 5 - 6 + \cdots$$
$$+\Big)\ A_2 = \qquad 1 - 2 + 3 - 4 + 5 - 6 + \cdots$$
$$2A_2 = 1 - 1 + 1 - 1 + 1 - 1 + 1 + \cdots = A = \frac{1}{2}$$

따라서 $A_2 = \dfrac{1}{4}$

3 모든 자연수의 합 $1 + 2 + 3 + 4 + 5 + 6 \cdots$ 을 A_3로 정한다. 이때 $A_3 - A_2$는 다음처럼 빼면서 구한다.

$$A_3 \qquad = 1 + 2 + 3 + 4 + 5 + 6 \cdots$$
$$-\Big)\ A_2 \qquad = 1 - 2 + 3 - 4 + 5 - 6 + \cdots$$
$$A_3 - A_2 = \qquad 4 + \qquad 8 + \qquad 12 + \cdots = 4A_3$$

$3A_3 = -A_2$ 이므로 $A_3 = -\dfrac{1}{3}A_2 = -\dfrac{1}{12}$
따라서 모든 자연수의 합은 $-\dfrac{1}{12}$

1, 2, 3의 과정을 통하여 모든 자연수의 합은 $-\dfrac{1}{12}$ 이다.

라마누잔의 또 다른 무한에 관한 무리수의 문제로 다음과 같은 것이 있다.

$$\sqrt{1 + 2\sqrt{1 + 3\sqrt{1 + 4\sqrt{1 + \cdots}}}} = ?$$

답은 무엇일까?

$$3 = \sqrt{9} = \sqrt{1+8}$$
$$= \sqrt{1+2\sqrt{16}}$$
$$= \sqrt{1+2\sqrt{1+15}}$$
$$= \sqrt{1+2\sqrt{1+3\sqrt{25}}}$$
$$= \sqrt{1+2\sqrt{1+3\sqrt{1+24}}}$$
$$= \sqrt{1+2\sqrt{1+3\sqrt{1+4\sqrt{1+\cdots}}}}$$

위처럼 전개해서 증명하면 ?은 3인 것을 알 수 있다.

라마누잔의 연구 중에는 4×4 마방진
도 있다.

행과 열, 대각선의 합이 항상 139이
다. 여기서 1행의 숫자 4개는 라마누잔
의 생일인 1887년 12월 22일을 의미

22	12	18	87
21	84	32	2
92	16	7	24
4	27	82	26

한다. 자신의 생일로 마방진을 만들 정도로 숫자를 다루는 라마누
잔의 능력은 놀라울 정도이다. 이런 그의 능력을 인정하고 아꼈던
하디는 라마누잔과 공동 연구를 하며 많은 업적을 남겼다.

5년 동안 하디와 라마누잔은 공동 연구를 했으며 많은 업적을
남겼다.

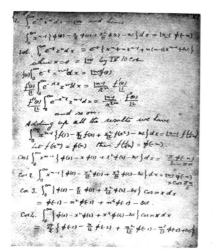

수학자 라마누잔이 1903~1910년에 수
학자로서의 그의 능력을 후원자들에게 확
신시키기 위해 썼던 노트의 일부.

비유클리드 기하학 1829년

과학과 공학의 필수적 도구

유클리드의 〈기하학 원론〉을 출간한 이후 2,100여 년 동안 수학자들은 기하학에 대한 공리 또는 공준을 진리로 알고 있었다. 그 진리에는 어떠한 모순도 찾지 못했으며 기하학의 업적을 뒷받침하는 것으로 생각했다. 그러나 1829년 3월 러시아의 수학자 로바쳅스키[Nikolai Lobachevsky, 1792~1856]가 유클리드 기하학에 이견을 내놓으면서 이 믿음은 깨지게 되었다. 그 결과 수학자들은 공리는 절대 진리가 아니라 수학을 뒷받침하는 기본 명제 정도로 인식하게 되었다.

우선 유클리드 기하학의 대략적인 내용은 다음과 같다.

그리스의 수학자 유클리드[기원전 325~265]가 저술했던 유클리드 기하학은 현재 중고생이 배우는 기하학에 대한 수학 분야의 대부분을 차지한다고 봐도 과언이 아닐 정도로 폭넓다. 그중에서도 제5공리가 가장 잘 알려져 있으며 특히 중요하다. '평행선 공리'인 제5공리의 내용은 다음과 같다.

> "평면 위의 한 직선이 그 평면 위의 두 직선과 만날 때 동측내각의 합이 $180°$보다 작으면 두 직선은 서로 만난다."

즉, 두 직선이 한 직선과 만날 때 동측내각의 합이 $180°$ 미만이면 평행하지 않으므로 서로 만나는 것이다.

아래 그림에서 평면 위의 한 직선을 l로, 직선 l과 만나는 두 직선을 각각 m, n으로 하고, 동측내각을 각각 α, β로 정할 때, $\alpha + \beta$가 $180°$보다 작으면 서로 만나게 되는 것을 알 수 있다. 평행이 아닌 것이다.

만약 $\alpha + \beta$가 $180°$이면 서로 평행하다. 즉 만나지 않는다.

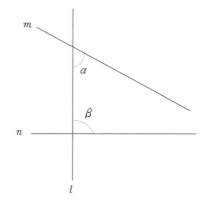

제5공리를 조금 더 단순화
시키면 다음처럼 생각할 수
있다.

l

p

직선 l과 평행하면서 점 p를
지나는 직선은 단 한 개다.

여기서는 유클리드 기하학이 평면 위에서 가정했을 때는 옳은
것이다. 그러나 곡면에서 두 직선을 비교하면 다른 결과가 된다.

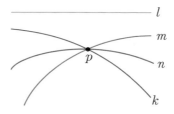

곡면에서는 한 점과 평행한 직선이 여러 개가 된다. 그리고 곡면
에서 삼각형을 그리면 세 내각의 합은 $180°$가 아니라 그 미만이
다. 로바쳅스키의 발표가 있은 지 3년 후 헝가리의 수학자 보여이
야노시[Bolyai János, 1802~1860]는 쌍곡기하학을 연구해 발전시켰다.

뒤이어 리만[Georg Friedrich Bernhard Riemann, 1826~1866]은 구면기하학으
로 발전시키면서 비유클리드 기하학에 업적을 남겼다.

60년 후 아인슈타인은 쌍곡기하학과 구면기하학의 영향으로 상

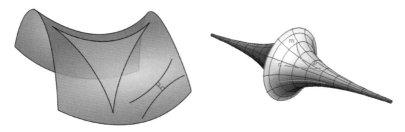

쌍곡기하학을 연구할 때 말안장 모양(좌)와 위구(우)는 많이 사용하는 그림이다.

대성이론을 발표했다. 우주가 평평하지 않고 중력에 의해 곡면처럼 굽어 있음을 알아낸 것이다.

아인슈타인의 상대성이론은 쌍곡기하학의 영향을 크게 받았다.

이에 대해 아인슈타인은 다음과 같은 말을 남겼다.

기하학의 이러한 해석을 매우 중요하게 생각한다. 비유
클리드 기하학을 몰랐다면 결코 상대성이론을 만들 수
없었을 것이다.

지금도 비유클리드 기하학은 물리학을 포함한 과학과 공학에는
필수적으로 사용하는 도구이다.

허블의 법칙 1929년

허블- 르메트르의 법칙으로 바뀌다

보통 우리는 수학을 과학에 적용할 때 양자역학이나 일반상대성원리 같은 어려운 이론에서 많이 사용할 것이라고 생각한다. 양자역학을 포함한 물리학이 수학과 결합되면서 현대에는 수리물리학이라는 분야가 탄생했다. 천문학의 한 분야인 천체 물리학에도 수학은 많이 사용한다. 이처럼 수학은 과학적 발견의 증명과 설명을 위한 도구이자 용어이다. 그 대표적인 천문학자가 허블이다.

허블은 1929년 3월 15일 논문 〈외은하계 성운의 거리와 시선속도의 관계$^{A Relation Between Distance and Radial Velocity among Extra-Galactic}$

Nebulae〉에서 허블의 법칙을 발표한다.

천문학자 에드윈 허블[Edwin Powell Hubble, 1889~1953]은 1910년 시카고 대학에서 법학을 전공하고 변호사로 일하다가 천문학에 관심을 갖게 되어 천문학자로 진로를 바꾸었다.

허블.

그는 제1차 세계대전이 끝난 1918년에 태양과 항성의 연구로 저명했던 천문학자 헤일[George Ellery Hale, 1868~1938]의 추천으로 윌슨 산 천문대에서 100인치 망원경으로 성운을 관측하는 일을 시작했다. 이때부터 허블은 천문학 연구에 전진해 1921년 세페이드 변광성을 이용하여 우주의 크기를 측정해냈다. 또한 안드로메다 은하는 우리 은하가 아니라는 것을 증명했으며, 안드로

헤일.

메다와의 거리가 93만 년이라는 것도 계산했다.

1929년에 발견한 허블의 법칙은 $v = H \cdot r$의 공식으로 설명을 할 수 있다. v는 은하의 후퇴속도이며, H는 허블상수[Hubble's constant]이다. 그리고 r은 외부 은하까지의 거리를 의미한다.

허블의 법칙에서 알 수 있는 것은 각각의 은하가 움직이는 것

이 아닌 우주 전체가 팽창하는 것이다. 은하는 100만 광년마다 25km/s씩 증가하는 속력으로 우리로부터 후퇴한다. 허블의 법칙으로 아인슈타인은 우주팽창설을 지지하며, 정적인 우주론으로 도입했던 우주상수에 대한 자신의 제안은 실수였노라고 했다. 그리고 '대폭발 우주론'으로도 부르는 빅뱅이론^{Big Bang Theory}이 우주의 탄생을 설명하는 모델로 자리 잡게 되었다.

빅뱅이론이란 온도와 밀도가 엄청나게 높은 용광로 같은 형태의 초기 우주가 급격하게 팽창하면서 점차 식기 시작해 수소, 헬륨 같은 가벼운 원소가 만들어져 은하와 별이 되었으며 현재까지 우주의 대부분을 차지하게 되었다는 것이다.

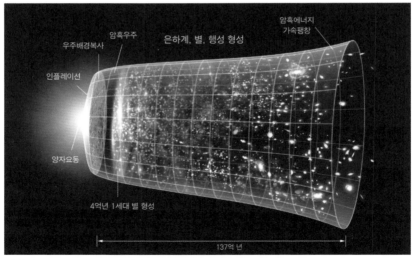

빅뱅이론으로 보는 우주의 역사.

$v = H \cdot r$의 공식을 허블상수에 관한 식으로 나타내면 $H = \frac{v}{r}$ 이다.

허블상수가 크면 우주의 팽창률이 크며, 우주의 나이가 젊다. 그러나 반대로 허블상수가 작으면 우주의 팽창률은 작으며, 우주의 나이는 많다. 허블은 허블상수를 200km/s/Mpc으로 계산하여 우주의 나이를 약 50억 년으로 보았다.

20세기 말 허블상수는 50km/s/Mpc에서 100km/s/Mpc 정도의 범위로 예상했는데, 64km/s/Mpc ,71km/s/Mpc으로도 구해지다가 2019년에는 74.03km/s/Mpc으로 점점 70km/s/Mpc에서 75km/s/Mpc로 오차범위를 점차 줄여가며 계산하고 있다. 아직은 근삿값으로서 허블상수의 값을 구하고 있는 것이다.

또한 허블의 법칙은 우리 은하는 여러 은하 중 하나이지 중심은하가 아니라는 점도 밝히고 있다. 지구가 중심이던 천동설이 진실이 아니라 태양을 중심으로 지구가 돌고 있다는 지동설이 정설이 되었듯 우리가 속한 은하도 은하 중 하나일 뿐이라는 것이 밝혀진 것이다. 이처럼 허블이 우주 연구 발전에 공헌한 업적을 기리며 이름 붙인 허블우주망원경은 우주를 연구하기 위해 1990년 4월 발사했다.

허블은 이처럼 인류사에 큰 발자취를 남겼음에도 노벨상을 받지는 못했다. 지금은 천체물리학 분야가 생겼지만 당시 천문학은 물

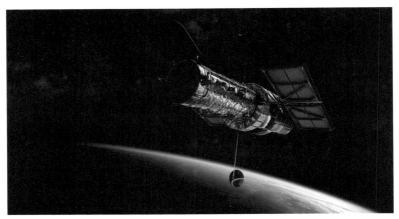
우주에 쏘아올린 허블우주망원경.

리학의 한 분야로 간주되지 않았다. 하지만 시대가 바뀌면서 뒤늦게 노벨물리학위원회가 허블의 업적이 노벨 물리학상에 해당된다고 결정했지만 허블이 사망하기 몇 달 전의 일로, 결국 허블이 사망하면서 사후에는 수상할 수 없다는 규칙에 의해 끝내 노벨상에 이름을 올리지는 못했다.

그로부터 시간이 흘러 2018년 허블의 법칙은 '허블-르메트르 법칙Hubble-Lemaître's Law'으로 명칭이 바뀌었다.

벨기에의 카톨릭 사제이자 수학자인 르메트르Georges Lemaître, 1894~1966가 허블보다 2년 빠른 1927년에 〈은하계와 성운의 시선 속도를 설명하는 일정한 질량과 팽창하는 반지름을 가진 균일한 우주A homogeneous Universe of constant mass and growing radius accounting for the radial velocity of extragalactic nebulae〉라는 논문에 허블의 법칙과 비슷한 내용을 발표했던 것이 알려진 것이다. 당시 르메트르가 프랑스의 비주류 학회에서 발표했던 터라 크게 주목을 받지 못한 것이 원인이었다.

르메트르.

천문학자들은 2018년 8월 오스트리아에서 개최한 포럼에서 허블의 법칙을 '허블—르메트르 법칙'으로 명명할 것을 결정했다. 10월에는 국제천문연맹^{IAU}에서 온라인 투표를 해 4,060명 중 약 78%인 3,166명이 개명 안건에 찬성했다. 또한 르메트르가 허블보다 2년 앞서 빅뱅이론을 주장한 것도 밝혀졌다. 이와 같은 이유로 국제천문연맹^{IAU}에서는 허블—르메트르 법칙으로 표기할 것을 권장하고 있는데 이는 르메트르의 업적도 존중하기 위해서이다.

벤 포드의 법칙 1938년

다양한 형태의 숫자 사기를 잡아내다

숫자를 조작한 사기는 여러 가지가 있다. 통계를 조작하거나 선거결과에 변칙을 가해서 대중을 혼란스럽게 할 수도 있다. 그렇다면 의도적으로 숫자를 이용해 사기치는 것을 밝혀 낼 수 있는 수학적 법칙이 있을까? 답은 Yes이다. 그리고 이 법칙은 우연히 발견했다.

제너럴 일렉트로닉스 사의 연구원이던 벤포드^{Frank Albert Benford} ^{Jr., 1883~1948}는 오류를 찾아내기 위해 자신의 연구자료를 들여다보다가 1이 유독 많음을 발견했다. 이에 비해 9는 7배 정도 적은 것도 발견했다. 확률적으로 1부터 9까지는 $\frac{1}{9}$인 약 11%로 균등할 줄 알았던 벤포드는 흥미를 갖게 되었다. 그래서 살펴본 다른 여러 자료들도 1이 제일 많고 9가 제일 적었다. 그는 이를 연구해 1938년 3월 31일 논문 〈변칙적 수에 관한 법칙The Law of Anomalous Numbers〉을 발표하며 벤포드의 법칙을 세상에 소개했다.

뉴컴.

사실 이와 같은 발견은 1881년 수학자 뉴컴Simon Newcomb, 1835~1909이 먼저 발표했다. 뉴컴은 논문 〈다양한 숫자의 사용 빈도에 관한 기록Note on the frequency of use of the different digits in natural numbers〉에서 자연수 중에서 1이 가장 자주 발견되는 수라는 것을 설명한다. 그러나 수학적 분석이 들어가지 않아 큰 관심을 받지는 못했다.

그로부터 57년이 지난 1938년 벤포드가 정립한 '벤포드의 법칙'은 다음과 같다.

우리가 접하는 데이터에서 1이 가장 빈번하고 2부터 9로 나아갈수록 빈도수가 뚜렷하게 낮아지는 법칙이다. 벤포드의 법칙은 다음 공식을 따른다.

$$P(d) = \log\left(1 + \frac{1}{d}\right)$$

그리고 1부터 9까지는 다음 도표와 같이 분포한다.

d	$P(d)$	$P(d)$를 반올림 후 백분율(%)
1	0.30103	30.1
2	0.17609	17.6
3	0.12494	12.5
4	0.09691	9.7
5	0.07918	7.9
6	0.06695	6.7
7	0.05799	5.8
8	0.05115	5.1
9	0.04576	4.6

위 도표를 살펴보면 첫 자릿수의 숫자 1은 30.1%, 숫자 2는 17.6%, 숫자 3은 12.5%를 나타내고 있다. 그래서 만약 숫자를 조작한다면 위의 벤포드의 법칙과 같은 숫자가 분포하지 않게 된다.

벤포드는 강의 넓이와 물리적 상수, 사망률을 조사한 20,229개의 숫자분포를 연구해 나타난 결과도 위의 도표와 거의 근사한 분포를 이루었다는 사실을 발견했다. 고층 건물들의 높이, 주소의 번지수, 전기세, 세금, 주식, 집값 통계, GDP 등에도 벤포드의 법칙

벤포드의 법칙은 고층 건물의 높이, 전기세, 세금, 교통 법규 위반의 수, 암 발생률, GDP 등 적용할 수 있는 범위가 다양하다.

은 여지없이 나타나고 있었다. 뿐만 아니라 교통 법규위반 수, 범죄의 희생자 수, 암 발생률, 전염병 발병률에도 이는 적용된다. 흥미로운 것은 다음과 같은 피보나치수열에도 벤포드의 법칙을 적용할 수 있다는 것이다.

1, 1, 2, 3, 5, 8, 13, 21, 34, 55, 89, 144, 233, 377, 610, 987, 1597, 2584, 4181,…

이처럼 다양한 분야를 조사한 후 벤포드의 법칙은 숫자 사기를 밝혀내는 데 이용하게 된다.

회계장부가 벤포드의 법칙

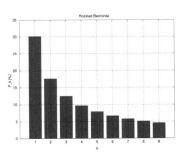

벤포드의 법칙을 보여주는 히스토그램.

에 따르지 않는다면 의심할 필요가 있다. 실제로 그리스는 2009년 유로존 가입을 위해 회계장부를 조작한 것으로 드러났다. GDP 대비 재정 적자 규모가 13.6%인데도 6%로 조작한 것이다.

그러나 벤포드의 법칙이 모든 것에 적용되는 것은 아니다. 그 예는 다음과 같다.

대부분의 성인의 키는 1로 시작한다. 160cm, 175cm, 190cm처럼 첫째 자릿수가 1이다. 그러나 피트^{fit}로 바꾸면 각각 5.2493 피트, 5.7415 피트, 6.2336 피트처럼 5와 6이 첫째 자릿수가 될 확률이 높다.

카오스 이론 속 나비효과 1963년

나비의 날갯짓 한 번이 태풍을 몰고 오다

미국의 기상학자 에드워드 로렌츠^{Edward Norton Lorenz, 1917~2008}는 컴퓨터를 이용해 기상현상을 모의 시뮬레이션해 분석하고 있었다. 그 과정에서 컴퓨터에 입력하는 아주 작은 단위 하나가 큰 변화를 초래할 수 있다는 사실을 발견했다. 초기 조건의 미세한 차이가 흐름에 따라 점차 증폭하여 걷잡을 수 없는 엄청난 결과가 되는 것을 발견한 것이다.

그가 입력한 소수점들의 값의 변화에 따라 컴퓨터 화면에 나타난 기상계는 한없이 복잡한 궤도가 일정한 범위에 머무르면서도 서로 교차하거나 반복함이 없이 나비의 날개 모양을 끝없이 그려 내고 있었다. 혼돈스러운 그림으로 보이지만 일정한 모양새를 갖춘 규칙성을 발견한 것이다. 그는 이 발견을 1963년 3월 1일 〈결정론적인 비주기적 운동Deterministic Nonperiodic Flow〉이라는 논문에 발표했다.

나비의 날갯짓이나 물의 잔잔한 파동이

어딘가에서는 태풍을 불러올 수도 있다는 이론이 나비효과이다.

세상 어디선가 나비 한 마리가 펄럭인 날갯짓에 수천 킬로미터 떨어진 곳에서 토네이도가 올 수도 있다는 로렌츠의 유적 묘사에서 이 발견은 '나비효과butterfly effect'로 불리게 되었다.

로렌츠의 나비효과는 과학적 발견에서 범위를 넓혀 수학계의 연구 주제가 되었다. 그리고 계속해서 경제학과 사회학 등 다양한 학문 분야로 광범위하게 적용하며 연구가 확장하고 있다.

나비 효과는 카오스 이론 chaos theory 을 설명할 때 필요한 이론이다. 카오스는 그리스의 우주 개벽설에서 나온 단어로 우주 발생 이전의 우리가 모르는 혼돈

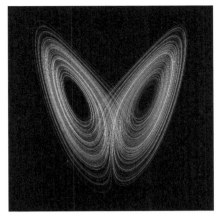

나비효과의 이미지. 모습이 나비의 날개를 닮았다.

의 상태를 의미한다. 초기 조건과 원리를 알면서도 미래예측이 불가능한 불안정한 구조를 부여한 상황인 것이다.

카오스 이론은 프랑스의 수학자 자크 아다마르 Jacques Salomon Hadamard,1865~1963 와 앙리 푸앙카레가 발견한 이론으로, 현재는 초기 조건에 민감하게 반응하는 현상들을 연구한다. 카오스 이론의 예로는 떨어지는 나뭇잎, 태풍이나 비를 포함한 기상 현상의 패턴, 심장의 맥박, 자동차나 비행기 엔진의 진동 소리, 컴퓨터 네트워크, 주식시장의 변화, 목성 표면의 대적점 등이 있다.

목성의 대적점은 카오스의 한 예이다. 풍속이 무려 평균 600km/h로 허리케인의 평균 5배 정도이다.

나비효과와 같은 이론이나 현상을 설명할 때 병행하는 이론

이 있다. 바로 '하인리히의 법칙
Heinrich's Law'이다.

목성의 대적점.

하인리히의 법칙은 1 : 29 : 300
법칙으로도 부르는데, 1개의 커다
란 재해는 같은 원인으로 29번의
작은 재해가 일어난 적이 있으며,
그 이전에 같은 원인으로 300번의 경미한 재해가 일어난 적이 있
었다는 법칙이다.

하인리히가 75,000건의 재해 사고를 분석한 결과 발견한 법칙
이다. 따라서 사소한 원인이 여러 번 징후를 일으켜서 나중에는
커다란 재해를 일으킨다는 것으로, 안전에 대한 경각심을 갖게 하
는 법칙이다. 초기에 방지하지 못한다면 나중에 커다란 재앙이 일
어나기 때문에 평소 사소한 징후라도 가볍게 보지 말고 대비해야
위험을 피할 수 있음을 경고하고 있다.

하인리히 법칙을 명심하고
항상 조심해야 할 대표적
인 곳 중 하나가 원자력 발
전소이다.

변동이 많을 때 근삿값으로 예측하는
나비에-스토크스 방정식

오일러의 방정식을 확장한, 뉴턴의 제2법칙인 $F = ma$ 를 유체역학에서 쉽게 나타내려다 밀레니엄 7대 난제가 된 방정식이 있다. 바로 나비에－스토크스 방정식이다.

클로드 나비에.

19세기 프랑스 물리학자 클로드 나비에Claude Louis Marie Henri Navier, 1785~1836와 영국의 수학자 조지 스토크스George Stokes,1819~1903가 처음 소개한 이 방정식은 유체의 흐름에 따른 속도 변화를 밀도, 압력, 점성률, 유체의 단위질량에 작용하는 외부로부터 힘을 이용해 공식화한 것이다. 이름부터 현실과 동떨어진 분위기를 풍기는 이 방정식은 물리학이나 수학을 전공하지 않는 사람이 굳이 알 필요가 있겠느냐고 시큰둥한 사람들이 대부분일 것이다. 그런데 이는 '천만의 말씀'이라고 답할 수밖에 없다. 나비에－스토크스 방정식은 다음과 같다.

$$\rho \left(\frac{\partial v}{\partial t} + v \cdot \nabla v \right) = -\nabla p + \nabla \cdot T + f$$

여기서 t는 시간, ρ는 밀도, v는 속도, p는 압력, T는 응력, f는 체적력을 나타낸다.

나비에-스토크스 방정식이 밀레니엄 7대 난제인 것은 아직 해의 존재성에 관한 증명을 못했기 때문이다. 이 나비에-스토크스 방정식이 우리 생활에 도움을 주는 예를 든다면 먼저 태풍을 꼽고 싶다.

매년 태풍이 올 때 이동경로를 알기 위해서는 기온, 기압, 습도의 기상변수를 대입하여 나비에-스토크스 방정식을 적용한다. 다만 정확한 변수 대입이 어려워 오차가 발생하기 때문에 근삿값을 적용한 컴퓨터로 수치 계산을 한 결과는 정확한 예측을 어렵게 해 예보 한계를 보이고 있다.

기상현상이 비선형이기 때문에 정확한 예보는 어려운 것이다. 그런데도 나비에-스토크스 방정식은 일기예보에 활용도가 큰 방정식이다.

또한 나비에-스토크스 방정식은 해류의 움직임을 포함한 지구의 기상이변 관측과 예보에도 이용한다. 물론 컴퓨터로 기상예보를 시뮬레이션할 때 태풍을 예측할 때

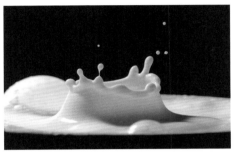
유체의 흐름에 대한 방정식이 나비에-스토크스 방
정식이다.

부딪치는 한계처럼 이 역시 한치의 오차도 없는 정확한
예보는 아직 불가능하다.

　상상해보라. 나비에-스토크스 방정식을 증명하는 수
학자가 등장하게 되면 태풍을 포함한 유체 예상 경로의
정확성이 높아져 재난을 대비할 수 있게 되면서 천재天災
는 막을 수 없지만 인재人災는 대폭 감소시킬 수 있을 것
이다.

　나비에-스토크스 방정식은 유체공학의 중요한 과제로
서 흐름이 일정한 층류보다는 흐름이 불규칙하고 불안전
한 난류에 관한 문제를 조금이라도 해결하는 것이므로,
카오스의 여러 혼돈함 상태에 적합한 것이기도 하다. 미

나비에–스토크스 방정식의 해의 존재에 관한 증명
이 밝혀지면 태풍과 같은 무서운 자연재해의 이동
경로를 파악할 수 있기에 지역특성에 따른 재난 대
비가 더 수월할 것이다.

세먼지, 폐기물 같은 오염물질과 혈류의 흐름에도 사용하
며, 비행기의 운항과 영화에서의 CG 기법에도 활용한다.
　애니메이션 영화에서도 파도가 치거나, 동물의 섬세한
털의 움직임, 물방울이 튀고, 캐릭터의 옷의 모양과 질감
등 정교한 CG 장면을 나비에–스토크스 방정식으로 구
현한다.

카탈랑 추측 2003년

수학계의 난제를 158년 만에 증명하다!

정수론에 관한 문제는 쉬운 것 같으면서도 증명이 잘 안 되는 문제가 많다. 그중 하나가 카탈랑 추측이다.

벨기에의 수학자인 카탈랑$^{\text{Eugène Charles}}$ $^{\text{Catalan, 1814~1894}}$은 정수론에 관한 많은 연구를 한 수학자이다.

그로부터 158년이 지나서야 카탈랑 추측은 루마니아의 수학자 프레다 미허

카탈랑.

일레스쿠$^{\text{Preda V. Mihăilescu, 1955~}}$가 증명했다.

그는 〈카탈랑 추측; 해결한 또 다른 디오판토스의 오래된 문제 Catalan's Conjecture: Another old Diophantine problem solved〉에 카탈랑 추측을 증명해 발표했다. 실제로는 2002년에 증명했다고 하는데 논문을 제출하여 발표한 날짜가 2003년 3월이며 논문을 심의 통과하여 책자로 세상에 나오게 된 날짜는 2004년이다.

카탈랑 추측을 예를 들어 설명하면 다음과 같다.

제곱수를 적용하여 4, 9, 16, 25, 36, 49···을 먼저 나열한다. 그리고 세제곱수 8, 27, 64, 125, 216,···을 나열한다. 제곱수와 세제곱수를 한데 모으면 4, 8, 9, 16, 25, 27, 36, 49··· 로 나열할 수 있다. 이때 두 수의 차가 1인 제곱수와 세제곱수를 찾는다면 8과 9뿐임을 추측할 수 있다. 그리고 $x^p - y^q = 1$을 만족하는 1보다 큰 정수 x, y, p, q가 단 하나인지 확인한다면 추측할 수 있다. 8과 9로 이루어진 한 쌍이 $3^2 - 2^3 = 1$이 성립하는 것을 우선 알기 때문이다.

제곱수의 연속한 쌍이 유한하다는 것을 일반적으로 증명하면 카탈랑 추측에 관한 증명은 끝이 난다.

카탈랑 추측을 증명한 미허일레스쿠는 '미허일레스쿠의 정리'로도 세상에 알려져 있다.

카탈랑의 업적 중에는 1865년에 재발견한 '카탈랑 수^{Catalan}

number'도 빼놓을 수 없다. 원래 카탈랑 수는 오일러가 먼저 발표한 것이다. 조합론에서 유명한 정리이기도 한 카탈랑 수를 구하는 공식은 다음과 같다.

$$C_n = \frac{(2n)!}{n!(n+1)!}$$

카탈랑 수는 C_n을 구하는 것이며, 카탈랑 수를 계산하면 98~99쪽처럼 나타난다.

카탈랑 수를 계산한 값은 도표에 나타난 것처럼 1, 1, 2, 5, 14, 42, …임을 알 수 있다.

카탈랑 수를 기하학으로 설명하면 n이 1일 때부터 적용한다. n을 0으로 하면 선분이 되기 때문이다.

$n=1$일 때 → 정삼각형은 대각선이 없으므로 나눌 수 있는 삼각형의 가짓수는 자신인 1이다. 이때 조합의 수는 1이다.

$n=2$일 때 → 정사각형에서 나눌 수 있는 삼각형의 가짓수는 2이다.

n	0	1	2
카탈랑 수(C_n)	1	1	2
n	6	7	8
카탈랑 수(C_n)	132	429	1430
n	12	13	14
카탈랑 수(C_n)	208,012	742,900	2,674,440
n	18	19	20
카탈랑 수(C_n)	477,638,700	1,767,263,190	6,564,120,420
n	24	25	26
카탈랑 수(C_n)	1,289,904,147,324	4,861,946,401,452	18,367,353,072,152
n	30	31	32
카탈랑 수(C_n)	3,814,986,502,092,304	14,544,636,039,226,909	55,534,064,877,048,198

카탈랑 수에서 n을 1부터 35까지 계산한 도표.

3	4	5
5	14	42
9	10	11
4862	16796	58786
15	16	17
9,694,845	35,357,670	129,644,790
21	22	23
24,466,267,020	91,482,563,640	343,059,613,650
27	28	29
69,533,550,916,004	263,747,951,750,360	1,002,242,216,651,368
33	34	35
212,336,130,412,243,110	812,944,042,149,730,764	3,116,285,494,907,301,262

$n=3$일 때 → 정오각형에서 나눌 수 있는 삼각형의 가짓수는 5이다.

$n=4$일 때 → 정육각형에서 나눌 수 있는 삼각형의 가짓수는 14이다.

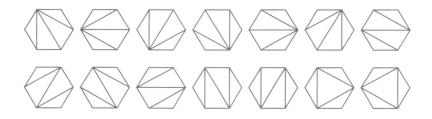

n을 5로 하면 42가 될 것이다. 이와 같이 기하학적으로도 적용하면서 증명할 수 있다.

이차상호법칙 **1796년**

18살에 이차상호법칙을 발견해
정수론을 발전시킨 천재 수학자 가우스

대수학과 기하학, 해석학의 천재 수학자 가우스$^{\text{Carl Friedrich Gauss,}}$ $^{1777\sim1855}$는 정수론에 대해 이렇게 말했다.

가우스.

수학은 과학의 여왕이며, 정수론은 수학의 여왕이다

어렸을 때 가난한 노동자의 아들로

태어나 어머니의 지원과 의지로 오늘날 수학천재로 명성이 드높은 가우스의 이야기이다. 가우스의 천재설을 증명하는 유명한 일화로 10살 때 수업시간에 선생님이 1부터 100까지 더하면 얼마가 될지에 대해 몇 분만에 풀어낸 이야기가 있다. 가우스는 불과 10살의 나이에 1과 100, 2와 99, 3과 98을 각각 짝을 지어서 더해 101을 50번 곱하면 5050이 나온다는 계산을 해낸 것이다.

이처럼 수학적 능력이 뛰어났던 가우스는 18살에 철학과 수학 사이에서 진로를 고민하다가 1796년 4월 8일 정수론의 중요한 정리를 하나 발견하게 되었다. 이미 오일러가 만들어놓은 공식을 더욱 발전시킨 공식으로 우리는 이 공식을 '이차상호법칙'으로 부른다.

p와 q가 서로 다른 홀수인 소수이면

$$\left(\frac{q}{p}\right)\left(\frac{p}{q}\right) = (-1)^{\frac{p-1}{2} \cdot \frac{q-1}{2}}$$

이 공식을 통해 우리는 소수의 이차잉여 여부를 알 수 있다.

이차상호법칙을 발견한 가우스는 스스로 감동하여 수학으로 진로를 결정했다. 그리고 〈산술논고〉에 이차상호법칙으로 발표했다.

가우스가 인류사에 미친 영향은 다양한 곳에서 발견할 수 있다. 우리가 교과서 속에서 만나게 되는 수학공식이나 과학, 그중에서도 물리 분야에서 배우게 되는 공식과 법칙에서도 종종 그를 만날 수 있다. 그가 연구했던 학문 분야가 수학에만 국한되어 있었던 것이 아니라 다양한 분야에 업적을 남긴 것이다.

가우스가 1801년 소행성 세레스가 나타났다가 사라지자 궤도를 최소 제곱법으로 계산해 다시 나타나는 날짜를 예측하여 재발견해 주변 사람들을 놀라게 한 일도 유명한 일화 중 하나이다.

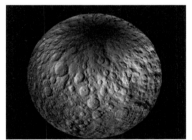

NASA의 우주선 새벽호(Dawn spacecraft)에서 촬영한 세레스 북반구 이미지. 최근 NASA는 소행성 세레스의 지하에 바다가 숨겨져 있다는 놀라온 연구 결과를 발표했다.

최소 제곱법은 데이터의 잔차의 제곱합을 최소화하여 명확하게 설명하는 수식을 만드는 추정방법이다. 세레스 행성의 재발견 이후 가우스는 천문학계에 '망원경 없는 천문학자'로 알려지게 되었으며 30살에는 괴팅겐 대학의 천문대장이 되었다. 1796년 3월 30일에는 정십칠각형의 작도를, 같은 해인 5월 31일에는 소수 정리 등을 발표했다.

정십칠각형은 고대 그리스의 수학자 유클리드부터 도전했지만 작도에 성공하지는 못했다. 그로부터 2,000여 년이 지난 후 가우스가 정십칠각형의 작도에 성공한 것이다.

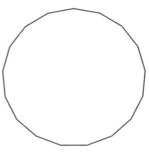

가우스는 18세에 정십칠각형을 작도하고 매우 자랑스러워했다.

가우스는 정십칠각형 이외에도 $2^{2n}+1$ 형식의 소수에 관한 도형을 작도하기도 했다. 정십칠각형의 작도에 성공한 것이 자랑스러웠던 가우스는 자신이 죽으면 묘비에 정십칠각형을 새겨달라고 석공에게 주문했지만 석공은 정십칠각형은 원에 가까운 모양이 될 것이기에 가우스가 원하는 효과를 보지는 못할 것이라고 했다고 한다.

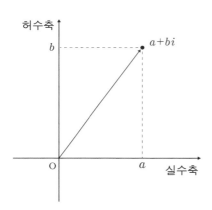

가우스의 복소평면.

가우스가 복소수를 나타내는 평면인 복소평면은 '가우스 평면'으로도 알려진 좌표계이다.

혹시 데카르트의 좌표평면을 떠올렸다면 수학에 대해 관심이 있는 사람일 것이다. 언뜻 보기에는 비슷해 보이는 이 복소평면은 그러나 데카르트가 창안한 좌표평면과 차이가 있다. 가우스의 복소평면은 x축은 실수축을 y축은 허수축을 나타냈다.

또한 행렬을 이용하여 연립일차방정식의 해를 구하는 가우스 소거법도 많이 사용하는 방법이다.

고등학교 수학에서 '가우스 함수'라고 부르는 계단식 함수도 우리에게는 친근하다. $y=[x]$인 함수가 있으면 대괄호의 x는 x를 초과하지 않는 최대정수이다. 괄호 안의 소수는 버림을 하여 값을 구하고 그래프에 나타낼 수 있다. 예를 들어 $[1.1]$은 1이고, $[1.9]$도 1이다.

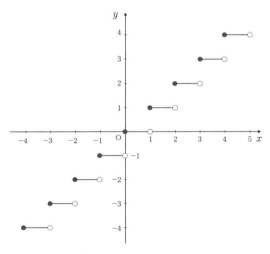

가우스 함수 $y=[\,x\,]$의 그래프.

통계학에서도 가우스의 발자취를 찾아볼 수 있다. 가우스 분포 $^{Gaussian\ distribution}$라고도 부르는 정규분포 그래프가 바로 그것이다. 도수분포곡선이 종 모양을 따르며 평균을 중심으로 좌우대칭이다. 투표, 수능시험 후 점수 분포, 지능 검사 등 여러 자료를 분석할 때 으뜸으로 사용하는 그래프이다.

이처럼 다양한 수학 분야에 영향을 미친 천재 수학자 가우스는 수학왕이라는 별명과 함께 인류 역사상 가장 위대한 수학자 3인 중 1명으로 꼽힌다.

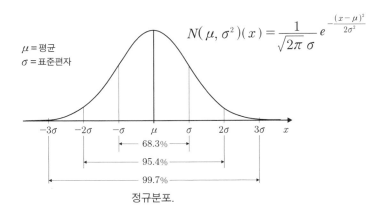

정규분포.

도플러 효과 1842년

빛이 파동이라는 증거

요란한 엠블런스나 비행기 굉음, 소방차 소리, 기차 소리, 뱃고동 소리 등 우리가 일상생활에서 많이 듣는 소리를 과학적 이론으로 설명한 것이 있다. 바로 도플러 효과이다.

오스트리아의 물리학자 도플러$^{Christian\ Doppler,\ 1803\sim1853}$는 1842년 5월 25일 〈쌍성의 유색광에 관하여$^{Über\ das\ farbige\ Licht\ der\ Doppelsterne}$〉를 발표했다.

도플러.

도플러 효과는 차원이나 관측자가 상대적

운동을 할 때, 파도의 빈도의 명백한 변화이다.

도플러 효과는 다음과 같은 공식으로 나타낼 수 있다.

$$f_o = \left(\frac{v \pm v_o}{v \mp v_s} \right) f_s$$

f_o는 관측자의 진동수, f_s는 음원의 진동수이다. v는 음속이며, 340m/s이다. v_o는 관측자의 상대속도, v_s는 음원의 상대속도이다. 분자의 $v + v_o$는 관측자가 음원에 다가올 때를, $v - v_o$는 관측자가 음원에서 멀어질 때를 의미한다. 분모의 $v - v_s$는 음원이 관측자에 다가올 때를, $v + v_s$는 음원이 관측자에게 멀어질 때를 의미한다.

도플러 효과가 일어나면 파원이 관측자로부터 멀어져 갈 때는 적색편이로 파장은 길게 측정되고, 다가올 때는 청색편이로 파장이 짧게 측정된다.

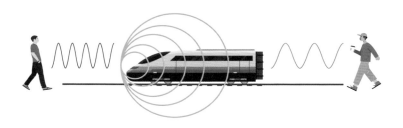

그래서 도플러 효과는 자동차나 연못, 천체에서 별들이 다가오

거나 멀어지는 것을 관측할 때의 예로 많이 활용한다. 과학적 분석에 사용하는 것이다. 그리고 도플러 효과는 빛이 파동이라는 근거를 뒷받침하기도 한다.

천체를 관찰할 때도 도플러 효과를 이용한다.

러셀의 역설 1901년

이발사의 역설:
이발사는 자신의 머리를 직접 이발할까?
다른 사람에게 맡길까?

수학자이자 철학자, 수리논리학자, 역사가이자 사회비평가인

러셀.

버트런드 러셀$^{Bertrand\ Russel,\ 1872~1970}$은
'머리가 가장 좋을 때는 수학자였고 머
리가 나빠지자 철학자가 되었으며 철
학도 할 수 없을 만큼 머리가 나빠졌
을 때는 평화운동가가 되었다'고 자평
했다.

　다양한 분야의 학문을 연구했던 그는

수학자로서도 많은 업적을 남겼는데 그중 가장 유명한 것이 집합론을 수정하게 만든 러셀의 역설이다.

러셀의 역설은 1901년 5월에 발표했는데 당시는 무한대와 집합에 관한 연구가 한창이던 시대였다. 집합에 관한 정리가 수많은 논문으로 쏟아질 정도로 많은 수학자들이 연구하고 있었던 만큼 모순이 발생할 여지 또한 많았다.

이와 같은 혼돈의 시기에 등장한 러셀의 역설은 집합에 대한 개념 정립을 명확하게 해주었다.

'이발사의 역설'로도 불리는 러셀의 역설은 다음과 같다.

스스로 이발을 하지 않는 사람은 내가 이발을 해주겠다.
스스로 이발을 하는 사람은 이발을 해주지 않겠다.

대략 보면 스스로 이발을 하는 사람과 하지 못하는 사람들에게 이발을 해주느냐 아니냐의 명제로 보인다. 그러나 이발사를 두고 볼 때 이 명제는 복잡해진다. 이발사 자신이 이발을 한다면 스스로 이발을 하지 않는 자들의 집합에 속하므로 모순

이발사의 머리는 누가 자를까?

이다. 또 자신이 이발을 하지 않는다면 이발사도 스스로 이발을 하지 않는 자들의 집합에 속하므로 모순에 속한다.

이처럼 러셀의 역설은 칸토어의 집합론의 오류를 지적하면서 논리학을 중점으로 연구하는 수학자들에게 많은 과제를 남겼다. 즉 논리학에 관한 의문의 실마리가 풀릴 때까지 학문에 대한 열정을 더해준 것이다.

또한 러셀의 역설은 컴퓨터의 논리적 프로그램의 개발과 설계에 영향을 주었다. 앨런 튜링은 '프로그램의 종료 여부를 판단하는 알고리즘은 없다'는 정지문제$^{\text{Hauting Program}}$의 이론을 생각할 때 러셀의 역설을 증명의 도구로 활용했다. 앨런 튜링은 정지문제는 컴퓨터가 프로그램 종료를 스스로 할 수 없다는 결론을 내린 것이다.

러셀의 제자였던 철학자 비트겐슈타인은 유일한 저서인 《논리철학논고$^{\text{Tractatus Logico-Philosophicus, 1922}}$》에서 함수는 자신의 독립변수가 될 수 없음을 증명해 이 문제를 해결했다.

러셀의 역설은 수학적 업적으로서의 가치뿐만 아니라 사회 문화적으로도 수많은 학자들에게 영감을 주었으며 우리의 삶에도 여전히 영향을 미치고 있다.

그의 저서 《서양철학사$^{\text{A History of Western Philosophy,1945}}$》와 《철학이란 무엇인가$^{\text{The Problems of Philosophy,1959}}$》는 대중에서 특히 잘 알려져 있다.

골드바흐의 추측 1742년

밀레니엄 7대 난제

18세기 정수론 연구가 활발했을 때 많은 수학자들이 증명이 수월할 것으로 생각해 여러 번 도전했으나 지금까지도 난제로 남은 추측이 있다. 바로 골드바흐의 추측$^{\text{Goldbach's conjecture}}$이다.

골드바흐의 추측은 '4 이상의 모든 짝수는 두 소수의 합으로 나타낼 수 있다'는 것이 주된 내용이다. '5보다 큰 모든 홀수는 3개의 소수의 합으로 나타낼 수 있다'는 보조정리도 포함한다.

1742년 6월 7일 골드바흐는 소수에 관한 법칙을 발견한다.

$$4 = 2 + 2$$
$$6 = 3 + 3$$
$$8 = 3 + 5$$
$$10 = 3 + 7 \quad = 5 + 5$$
$$12 = 5 + 7$$
$$14 = 3 + 11 = 7 + 7$$
$$16 = 3 + 13 = 5 + 11$$
$$18 = 5 + 13 = 7 + 11$$
$$20 = 3 + 17 = 7 + 13$$
$$\vdots$$
$$100 = 3 + 97 = 11 + 89 = 17 + 83 = 29 + 71 = 41 + 59 = 47 + 53$$

100 이하의 '강한 골드바흐의 추측'의 예

$$7 = 2 + 2 + 3$$
$$9 = 2 + 2 + 5$$
$$11 = 2 + 2 + 7 \quad = 3 + 3 + 5$$
$$13 = 3 + 5 + 5$$
$$\vdots$$
$$99 = 3 + 7 + 89 = 13 + 13 + 73 = 13 + 19 + 67 = 17 + 29 + 53$$

100 이하의 '약한 골드바흐의 추측'의 예

첫 번째 내용은 강한 골드바흐의 추측이고, 두 번째 내용은 약한 골드바흐의 추측이다. 강한 골드바흐는 짝수, 약한 골드바흐는 홀수에 관한 추측으로 볼 수 있다. 그런데 질문자는 골드바흐이고,

답변자는 오일러임에도 강한 골드바흐의 추측은 오일러의 추측으로, 약한 골드바흐의 추측은 골드바흐의 추측으로 부른다. 또 강한 골드바흐의 추측을 증명하면 약한 골드바흐의 추측은 증명할 수 있다.

골드바흐는 100까지 계산한 뒤, 그 이상도 계속 할 수 있다며 혹시 이런 방법으로 하면 모든 소수에 성립할 수 있는지에 대해 오일러에게 증명을 부탁했다. 골드바흐의 질문에 대해 오일러는 3주 후인 6월 30일 증명을 하지 못한다고 답변한다. 혹시나 큰 수(예를 들어 10만에 근사하는 대략 생각할 수 있는 큰 수)에서 예외가 나온다면 골드바흐의 추측은 틀린 것이 되는데, 수학은 정확한 이론으로 전개해야 하기 때문에 오일러는 증명하지 못했다고 말한 것이다.

그 뒤 수많은 수학자들의 도전을 받았던 골드바흐의 추측은 20세기가 되는 1930년 러시아 수학자 레프 시닐레만[Lev Schnirelmann, 1905~1938]이 모든 수를 20개 이하의 소수의 합으로 나타낼 수 있는 것에 관해 증명해냈다.

1937년에는 러시아 수학자 이반 비노그라도프[Ivan Matveyevich Vinogradov, 1891~1983]가 '매우 큰 홀수는 약한 골드바흐의 추측이

이반 비노그라도프.

옳다'는 것을 증명했다. 절반 이상은 증명한 것이다.

1966년 중국의 수학자 천징룬陣景潤은 골드바흐의 추측을 증명한 것은 아니지만 연구에 한 걸음 더 나아가게 한 이론을 발견했다. 바로 천의 정리Chen's theorem다. 60＝5＋5×11이라는 것인데, 충분히 큰 모든 짝수는 홀소수 하나와 홀소수 2개의 곱의 합으로 이룬다는 것을 증명했다.

2012년 테렌스 타오Terence Tao, 1975~는 홀수를 최대 5개의 소수의 합으로 나타낼 수 있다는 증명을 해서 약한 골드바흐의 추측의 증명에 근접했다.

결국 약한 골드바흐의 추측은 결국 페루의 수학자 해럴드 헬프고트Harald Helfgott, 1977~가 2013년에 증명했다. 같은 해에는 컴퓨터를 이용해 40경에 이르는 수까지 단 하나의 반례 없이 검증했으나 아직 전체적으로 강한 골드바흐의 추측의 증명 방법을 발견한 수학자는 없다.

힐베르트의 호텔 역설 1925년

무한대의 역설!

보통 여행을 준비하는 사람은 기본적으로 미리 예약해야 하는 것들이 있다. 교통편과 숙박이다. 만약 해외여행을 주로 하는 사람이라면 낯선 곳에서 안전하고 편안한 여행의 핵심으로 휴식을 취할 숙박시설을 꼽을 것이다. 그런 사람이라면 원하는 호텔이 만실이어서 예약하지 못한 경험도 있을 것이다. 그런데 만실을 걱정할 필요가 없는 호텔이 있다. 바로 힐베르트의 호텔이다.

힐베르트의 호텔의 정확한 명칭은 힐베르트의 무한 호텔 역설이며 1925년 6월 논문 〈무한에 관하여$^{\text{Über das Unendliche}}$〉에서 처음 제시되었다.

힐베르트는 무한의 신비로운 개념을 설
명하기 위해 다음과 같은 예를 들었다.

힐베르트^{David Hilbert, 1862~1943}가 제시하는
호텔은 빈 방이 없어서 걱정할 일이 없다
고 지배인은 주장한다.

힐베르트의 호텔은 무한개의 방을 가지

힐베르트.

고 있다. 이 호텔에는 손님의 수도 무한대
로 꽉 차 있다. 무한개의 방에 무한명의 손님이 꽉 차 있기 때문에
더 이상 빈 방은 없는 상태이다. 어느 날 새로운 손님이 힐베르트
호텔에 찾아왔다. 그런데 지배인은 빈 방이 있다고 손님에게 얘기

힐베르트 호텔에는 무한개의 객실이 무한명의 손님으로 가득차 있지만 새로운 무한명
의 손님이 와도 그들 역시 숙박이 가능하다.

한다.

지배인은 1호실의 손님을 2호실로, 2호실의 손님을 3호실로, 3호실의 손님을 4호실로, … 이러한 방법으로 손님을 이동시키고, 빈 방을 부탁한 손님을 1호실에 묵게 한다.

그로부터 며칠 후 이번에는 무한대의 손님이 안내 데스크로 들어와 빈 방을 요청했다. 이번에도 지배인은 문제없으니 방을 마련할 때까지 잠시만 기다리라고 했다.

지배인은 무한대의 방에서 쉬고 있는 손님들에게 방 번호의 2배 숫자에 해당하는 방으로 옮겨달라고 부탁했다. 1호실은 2호실로, 2호실은 4호실로, 3호실은 6호실로, 4호실은 8호실로,… 이러한 방법으로 n호실의 손님을 $2n$호실로 이동한 뒤 지배인은 무한대의 손님들에게 빈 방을 내주었다.

이와 같은 힐베르트의 무한대 역설을 살펴보면 다음과 같다.

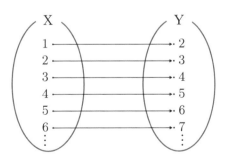

X는 정의역으로 1호실, 2호실, 3호실, 4호실, …이고, Y는 공역으로 2호실, 3호실, 4호실, 5호실, … 등의 일대일 대응관계를 보여준다. X는 자연수 전체의 무한집합이면, Y는 1을 제외한 자연수 전체의 무한집합이므로 X가 Y를 포함한다. 수학적으로 일대일대응이므로 문제가 없지만 일대일대응이 성립하려면 원소의 개수가 같아야 하는데, X가 Y보다 크므로 모순이다.

다음 그림은 힐베르트의 호텔 역설에서 무한대의 손님이 왔을 때 빈 방을 옮기는 것을 일대일 대응관계로 보여준 것이다.

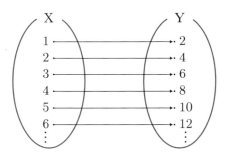

이것도 X는 자연수 전체의 무한집합이지만 Y는 짝수의 집합이므로 일대일 대응관계가 성립하기 위해서는 X의 원소의 개수가 Y와 같아야 하지만 X가 더 크므로 모순이다.

무한대의 개념은 난해할 뿐만 아니라 역설적인 논리의 등장과 증명으로 3,000여 년 넘게 수학자들을 괴롭혀 왔다. 홀수가 더 많은지, 짝수가 더 많은지도 알 수 없으며 끝이 없어 셀 수 없는 수의 범위면서 숫자로 이해해야 하는지의 문제에도 봉착하기 때문이다. 그러나 무한대의 연구로 무한대에 어떤 수를 더하거나 곱해도 무한대라는 놀라운 수학적 성과와 정수론의 발전에 기여했다.

리히터 지진계 1934년

지진의 규모를 규정하다

리히터.

리히터^{Charles Francis Richter, 1900~1985}는 미국의 오하이오 주 해밀턴 출생으로 스탠퍼드 대학에서 공부하고 캘리포니아공과대학에서 이론물리학 박사학위를 취득했다. 그는 물리학을 전공했음에도 1927년 캘리포니아공과대학 지진 연구소에서 일하며 외국 지진학자의 논문을 읽기 위해 러시아어, 이탈리아어, 프랑스어, 스페인어, 독일어, 일본어 등 여러 외국어를 공부하는 등 지진학 연구에 전념했다. 지진학에 대한 그의 열정은 지진계를 집에까지 24시간 설치하는 것으로 이어졌다.

1934년 6월 17일 그는 미국 지진학회 회보[Bulletin of the Seismological Society of America]에 리히터 규모를 제안한 논문 〈기계의 지진 측정[An Instrumental Earthquake Magnitude Scale]〉을 제출했다. 그리고 지진학계에 리히터 지진계가 널리 알려진 것은 이듬해 1월이다.

남캘리포니아의 지진활동을 조사하였으며, 구텐베르크[Beno Gutenberg, 1889~1960]와 공동으로 매그니튜드와 지진에너지 등을 연구했다.

리히터 규모 구분	영향
0.0~1.9	지진계에 탐지되며, 사람은 느끼지 못함.
2.0~2.9	약간의 미진을 감지할 수 있음. 창문이나 천장의 물체가 약간 흔들림.
3.0~3.9	땅이 조금 흔들리는 정도로 쿵하는 여진이 인지되며 일부 사람은 놀랄 수 있음. 물이 출렁거림. 유리 같은 깨지기 쉬운 물체는 부서지기도 한다.
4.0~4.9	사람의 대다수가 인지할 수 있으며, 작은 물체가 떨어지기도 하며 창문이 부서지기도 한다.
5.0~5.9	모든 사람이 지진을 감지하는 수준이다. 진동의 피해가 커서 전봇대가 부서지며 가구들이 떨어지며 서 있기가 힘들어진다.

리히터 규모 구분	영향
6.0~6.9	인구가 밀접한 지역이나 건물이 빈약하게 지어진 집에 피해가 커짐. 땅의 진동으로 주택이 붕괴하기도 함.
7.0~7.9	고층 빌딩의 붕괴 피해가 발생한다.
8.0~8.9	땅의 균열과 고층 빌딩의 피해가 커져, 붕괴한다. 심각한 피해 수준. 커다란 해일 지진도 발생할 수 있다.
9.0~	거대한 지각변동이 일어나서 건물과 지면이 전반적으로 파괴될 정도이다.

리히터 규모는 지진의 강도를 수치적으로 나타낸 것이다. 실제로 3.0 미만은 예민한 사람이 느끼는 정도, 8.0 이상은 거대한 지진으로 국토가 수백 km에서 수천 km에 이르게 초토화되는 강도의 지진이다. 리히터 규모(M)와 에너지(E)의 관계식은 다음과 같다.

$$\log E = 11.8 + 1.5M$$

리히터 규모가 1만큼 증가하면 진폭이 10배가 증가한다. 그리고 리히터 규모가 1만큼 증가하면 에너지는 약 31.6배 증가한다.

1977년 일본의 지진학자 히루 카나모리[Hiroo Kanamori, 1936~]는 모멘트 규모[moment magnitude scale]를 발견했다. 모멘트 규모(M)는 판의 움직임으로 방출하는 에너지의 양을 측정한 지진 모멘트(M_0)와의 관계를 나타낸 식이다.

$$M = \frac{2}{3}\log(M_0) - 10.7$$

모멘트 규모가 1만큼 증가하면 지진 모멘트는 약 31.6배 증가
한다. 모멘트 규모가 리히터 규모보다 43년 후에 발견했지만 신뢰
도는 차이가 있다. 리히터 규모는 3.5 미만의 지진에 대해 신뢰가
되지만 모멘트 규모는 그렇지 못하다. 그러나 모멘트 규모는 지진
의 규모 측정에 상한선이 없다는 장점이 있다. 5.0 이상 7.0 미만
의 중간 규모의 지진은 신뢰성의 차이가 거의 없으므로 두 개 모
두 믿어도 된다.

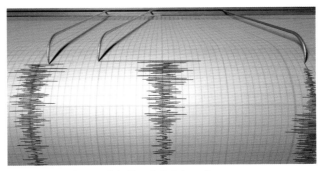

지진 및 지진 활동을 나타내는 지진계의 그래프.

위대한 로그의 발견

로그를 발견한 수학자는 존 네이피어^{John Napier, 1550~1617}로 스코틀랜드의 머치스톤 성에서 태어났다. 부친이 세상을 떠난 후 8번째 영주가 된 네이피어는 예지능력이 있다고 소문이 나기도 했다. 물리학자이자 천문학자이기도 한 그는 어느 날 머치스톤 성에서 일어난 도난 사건을 해결했는데 이로 인한 소문이었다.

존 네이피어.

내용은 다음과 같다.

머치스톤 성의 도난 사건의 도둑이 잡히지 않자 네이피어는 하인들을 불러모았다. 하인들 중에 범인이 있음을 짐작한 네이피어는 하인들에게 성의 꼭대기에 있는 어두운 방으로 가라고 지시했다. 그런 뒤 어두운 방에서 하인들에게 만약 도둑이 닭을 만지면 닭이 울게 된다고 한 뒤

차례로 그 닭을 쓰다듬게 했다. 그런데 네이피어는 미리 닭의 몸통 전체를 검은 색으로 칠한 상태였다. 하지만 닭은 큰 소리로 울지 않았다. 네이피어는 불을 켜고 하인들에게 손을 펴보게 했다. 하인들의 손에는 검은 물감이 묻어 있었다. 그런데 한 하인만은 하얀 손을 유지하고 있었다. 네이피어의 말에 겁을 먹고 닭을 만지지 않은 도둑이었다. 이렇게 해서 네이피어는 도둑을 잡았다.

이처럼 재밌는 에피소드를 가진 네이피어가 천문학에 관심이 많았고 천문학자였던 그가 천문학의 수많은 숫자를 계산하기 위해 로그를 발명한 것은 어쩌면 네이피어의 입장에서는 당연한 것이었을 수도 있다. 로그가 천문학에서 많이 쓰이는 것이 우연은 아닌 이유다.

네이피어는 천문학자 티코 브라헤$^{\text{Tycho Brahe, 1546~1601}}$의 삼각함수를 이용한 곱셈법에 자극을 받아 20년의 연구 끝에 로그를 발견해 1614년 〈불가사의한 로그 법칙에 대한 기술$^{\text{Mirifici Logarithmorum Canonis Descriptio}}$〉에 발표했다. 그가 발견한 로그는 큰 수의 계산에 매우 유리했다.

네이피어가 처음 발견한 로그는 자연상수 e를 밑으로 한 자연로그였다. 이때 천문학자들은 천문학계에서 필요한 큰 수들의 계산을 빠른 시간으로 단축한 것에 큰 찬사를 보냈다. 프랑스의 수학자이자 천문학자 라플라스가 "로그의 발견으로 천문학자들의 수명이 두 배로 늘었다" 라고 말할 정도였다.

그 후 영국의 수학자 브리그스Henry Briggs, 1561~1630가 네이피어를 만나 밑을 10으로 하는 상용로그를 공동 연구한다. 그러나 네이피어는 1615년 68세의 나이에 세상을 떠나면서 상용로그의 연구는 브리그스가 진행해 1624년에 발견한다.

밑을 10으로 하면 10진법 체계에서 더욱 광범위한 계산이 가능하다. 더욱 실용적인 로그의 계산이 등장한 것이다. 상용로그는 발견자인 브리그스의 이름에서 따와 브리그스의 로그라고도 부른다.

2^{100}은 대략 어느 정도의 수인지 계산하기가 어렵다. 이때 로그를 놓고, 상용로그표를 참고하면 근삿값으로 그 수가 얼마인지 계산할 수 있다.

로그는 소리의 세기인 데시벨(dB)의 계산과 수소이온농도지수(pH)의 계산, 별의 등급, 화석의 나이 추정 등 여러 분야에 사용한다.

전자계산기가 없던 시절 로그를 이용한 발명품도 등장했다. 영국의 수학자인 오트레드는 계산자를 로그의 발견

7년 후인 1621년 선보였다. 계산자는 한때 공학도들의 필수품으로, 일반적인 직선형, 원형, 실린더 형의 3종류로 나눈다.

원형 계산자.

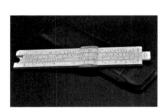

직선형 계산자.

서로 맞물린 세 개의 눈금자를 사용하는 계산자는 중앙의 미끄럼자가 다른 두 개의 고정자 사이를 앞뒤로 이동하도록 설계되어 있다. 고정자의 눈금에 중앙의 미끄럼자의 눈금을 맞추어 그 눈금을 읽어 계산하는 것이다.

로그값을 계산할 때는 어떤 수의 로그값에 비례하는 위치에 그 수를 표시하여 눈금을 일렬로 나타낸 후 매우 가는 선으로 그어진 투명한 커서를 이동해 눈금 위에 오도록 하면 된다.

계산자는 계속 개량되었으며 불과 50여 년 전까지도 사용했다. 계산자는 360여 년 동안 계산의 편리함을 인

정받으며 사용한 것이다. 현재 계산자가 대부분 자취를
감춘 이유는 정밀한 계산을 더 빠르게 할 수 있는 전자계
산기가 등장했기 때
문이다.

현대사회에서는 전자계산기를 사용하
고 있다.

두뇌 계발 게임 테트리스 1984년

러시아에서 탄생한 위험감수비율 게임!

여러분은 러시아하면 무엇이 떠오르는가? 러시아 인형으로 알려진 마트료시카, 붉은 광장, 보드카? 물론 이것들도 유명하지만 러시아에서 개발해 누구나 한 번쯤은 했을 법한 유명한 게임이 있다. 1984년 6월 6일 출시한 이래 지금도 여전히 유명한 게임이며 두뇌 계발을 위한 학습 소재로도 사용하는 테트리스이다.

테트리스는 구 소련의 컴

마트료시카.

퓨터 엔지니어링인 알렉세이 파지트노프Alexey Leonidovich Pajitnov가 개발했다. 알렉세이 파지트노프는 1950년대부터 추진한 구 소련의 컴퓨터 엔지니어링 육성정책에 따라 국가 지원으로 재능을 인정받아 교육받은 인력이다. 그는 모스크바 국립 항공대학교Moscow Aviation Institute에서 컴퓨터 공학을 전공했고, 소련 국립 과학원에서 인공지능AI을 연구한 인재였다. 이러한 인재들 사이에 당시 유행하던 분야가 바로 게임이었다.

지금도 게임하면 학습적으로 반영한 부분이 많아 중독성에만 빠지지 않는다면 단순한 오락이 아닌 학습성과로 보는 경향이 있긴 하다. 당시 미국과 구 소련의 냉전이 극적이던 시절이어서 미국이나 일본의 게임을 자유롭게 수입해 즐기기는 힘들었다. 그래서 힘들게 구한 샘플 게임 하나를 엔지니어끼리 돌려가며 그것을 그대로 모방한 게임을 만드는 식이었다.

1984년 봄 어느 날 알렉세이 파지트노프는 일렉트로니카 60Electronika 60이라는 컴퓨터를 다루게 되었을 때 성능 테스트 삼아서 게임을 하나 개발하기로 했다. 그 결과 펜토미노Pentomino 퍼즐을 적용해 만든 게임이 테트리스 게임이다.

테트리스는 그리스어로 4를 의미하는 'tetra'와 테니스 'tennis'의 합성어이다. 테트리스는 여러 가지 블록을 수직으로 시계 또는 반시계 방향으로 회전하면서 좌우로 이동하여 이미 쌓인 다른 블록 위에 떨어뜨리는 게임이다. 한 줄을 채우면 채워진 가로줄이 없어지면서 한 줄이 내려간다. ▮ 모양의 테트리스 블록으로는 4줄까지도 가로줄을 한 번에 없앨 수 있다. 테트리스 블록을 화면에 더 이상 채울 공간이 없으면 게임은 끝난다. 테트리스 공간은 가로 10칸, 세로 20칸으로 구성되어 있다.

테트리스를 구성하는 블록은 테트리스 블록으로 부르며, 기본적으로 다음과 같은 모양을 하고 있다.

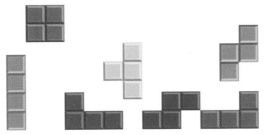

테트리스를 구성하는 테트리스 블록은 기본적으로 7가지가 있다.

테트리스 게임에서 사용하는 테트리스 블록은 모양이 좀 더 다양하며 난이도가 올라간다. 3D 테트리스는 공간 게임으로 진화해 더 큰 재미를 준다. 이와 같은

테트리스 게임.

테트리스를 건축에서도 찾아 볼 수 있다. 테트리스 블록을 응용하여 건물 외벽을 디자인 하기도 한다.

테트리스 게임에서 흥미로운 점은 위험감수비율에 따른 블록의 높이를 수학으로 나타 낸 것이다. 벽돌의 높이를 h, 위험감수비율을 p로 하면 다음과 같은 함수식을 만들 수 있다.

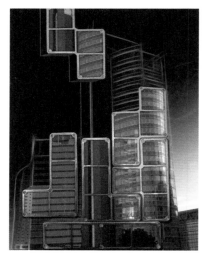

테트리스 블록을 이용하여 건축물에 디자인한 것을 흔히 볼 수 있다.

$$h = 16 - \frac{4\ln(p)}{9\ln\frac{6}{7}}$$

위의 함수식을 이용하여 위험감수비율과 블록의 높이를 비교한 결과를 오른쪽 도표처럼 나타낼 수 있다.

도표에서 알 수 있는 것은 위험감수비율이 0.1일 때는

위험감수 비율(p)	블록의 높이(h)
0	구할 수 없다.
0.1	9.3612
0.2	11.3597
0.3	12.5287
0.4	13.3582
0.5	14.0015
0.6	14.5272
0.7	14.9716
0.8	15.3566
0.9	15.6962
1	16

블록의 높이(h)는 소수 다섯째자리에서 반올림했다.

9.3612이므로, 즉 블록의 높이가 9층이 되면 위험감수율이 10%가 된다는 것이다. 그러면 위험감수율이 50%가 되는 블록의 높이는 14층인 것을 여러분은 알 수 있을 것이다. 우리는 이미 동전을 던질 때 앞면이 나올 확률이나 뒷면이 나올 확률은 $\frac{1}{2}$로 같다는 것을 알고 있다. 테트리스 게임도 이 정도의 기대확률을 바란다면 14층 정도의 블록을 쌓았을 때 50%의 기대감수율이 있음을 알 수 있다.

그리고 도표의 맨 아래에 위험감수비율이 1이 된 것을 보면 위험감수율이 100%인, 어쩌면 무조건 위험한 확률이 되는 층이 16층인 것을 알 수 있다. 실제로 16층 정도 블록이 쌓이면 게임은 끝난 것으로 간주해도 된다. 그만큼 더 이상 테트리스 블록을 쌓을 공간이 거의 없는 것으로 예상하기 때문이다.

테트리스의 모델이 되었다고 하는 러시아 성바실리 대성당.

모든 매듭의 패턴을
존스 다항식으로 나타내다!

우리는 운동화 끈이나 야영장에서 텐트를 고정하기 위해 묶을 때 매듭으로 묶게 된다. 그 외에도 리본을 매거나 선물을 포장할 때도 매듭은 도구이자 장식이 되어준다. 그런데 이 매듭을 수학적으로 연구한 학자가 있다. 천재 수학자로 꼽히는 가우스이다. 르장드르도 매듭에 관한 연구와 이론을 제시했다. 1984년에는 뉴질랜드의 수학자 본 존스[Vaughan Jones, 1952~2020]가 자신의 이름을 딴 존스 다항식을 발견했다. 존스 다항식을 발견하기 56년 전인 1928년에도 알렉산더 다항식이 있었지만 일부분의 매듭과 거울을 비추었을 때의 차이를 알아내는 데에는 한계가 있었다. 그래서 모든 매듭에 적용할 수 있는 다항식의 등장으로 물리학과 생물학 분야에서 발전이 이루어졌다.

우주의 비밀을 밝히는 초끈이론에도 매듭이 사용되며, 동물의 DNA의 실마리를 푸는 데도 활용하는 수학적 도구이다.

19세기 후반에 물리학자와 화학자들은 원자의 내부에 관한 연구의 일환으로 매듭을 생각했다. 매듭의 꼬인 부분의 신비감과 체계적 해법을 수학으로 연결한 것이다.

양자역학이 등장하면서 매듭이론은 잠시 후퇴한 적도 있다. 하지만 그 와중에도 매듭 이론이 원자의 특성을 알아내는 데 중요한 도구가 될 것으로 생각하는 물리학자와 화학자도 많았다.

DNA의 꼬인 나선구조를 푸는 데도 매듭이론은 필요했고 지금도 다양하게 연구하고 있다. 은하를 점으로 가정하고 은하

DNA 나선구조.

단을 관측하면 은하단을 꼭짓점으로 하는 매듭의 형태가 보인다. 이를 통해 우주의 비밀을 풀어나갈 수도 있다.

매듭이론의 중요한 목표는 매듭의 꼬임을 구분하는 기준인 불변량이다. 존스 다항식은 한 가지 불변량으로 종류가 다양한 매듭을 구분 지을 수 있게 되었다. 존스방정식에 등장하는 타래관계$^{skein\ relation}$는 다음의 3가지가

있다.

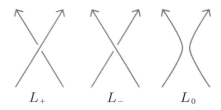

$$L_+ \qquad L_- \qquad L_0$$

각 매듭에 정의할 수 있는 t를 변수로 갖는 정수계수 로랑다항식을 $V(\cdot)$로 하고, 타래관계인 3개의 매듭을 L_0, L_+, L_-로 했을 때, 존스 다항식은 다음처럼 나타낸다.

$$V(0) = 1$$

$$\left(\sqrt{t} - \frac{1}{\sqrt{t}}\right)V(L_0) = \frac{1}{t}V(L_+) - tV(L_-)$$

페르마의 마지막 정리 **1993년**

세계 최고의 난제 중 하나가 350여 년 만에 해결되다

페르마.

피타고라스의 정리와 수식의 형태가 비슷하며 페르마$^{Pierre\ de\ Fermat,\ 1601\sim1665}$가 남긴 유명한 정리가 있다. 오랜 시간 수학자들을 사로잡았던 미해결 문제 '페르마의 마지막 정리'이다.

페르마의 마지막 정리에 대한 질문은 매우 단순하지만 그것을 증명하기까지는 350여 년이라는 긴 시간이 걸렸다.

페르마의 마지막 정리는 피타고라스의 정리를 확장한 이론으로 보면 된다. $a^2+b^2=c^2$에서 지수 2 대신 n으로 가정한 뒤 3 이상으로 n의 범위를 넓혀 정수해가 왜 존재하지 않는지를 증명하는 것이다.

우리가 이해하기에는 매우 어려운 증명 과정이며 세계 3대 난제로 꼽힐 만큼 수학사에서는 중요한 문제였다.

17세기 프랑스의 수학자 페르마는 변호사이자 지방의원이었으며 아마추어 수학자였다. 아마추어 수학자라고는 하지만 페르마는 수학 분야에 많은 업적을 남겼으며 그중 대표적으로 꼽히는 것이 미적분학과 해석기하학이다. 또한 파스칼과 함께 확률론의 토대를 세운 수학자로도 유명하다. 이 분야의 연구는 금융업과 보험업, 기상학 발전에도 업적을 남겼다. 뿐만 아니라 로켓을 포함한 우주공학의 발전에도 발자취를 남겼을 정도로 그의 수학적 성과는 대단했다. 그런데 이런 다양한 연구에도 불구하고 그가 남긴 논문은 단 한 편뿐이었다. 또한 수학 이론을 증명하면서도 식을 잘 쓰지 않는 습관으로 인해 페르마의 마지막 정리라는 과제를 남기게 되었다.

재미있는 것은 다양한 과학 분야의 발전에 큰 영향을 미쳤음에도 불구하고 그를 전 세계적으로 유명하게 만든 것은 오랜 기간 수많은 수학자들의 도전을 받았던 페르마의 마지막 정리였다.

페르마는 36세이던 1637년 어느 날 디오판토스의 《산수론》의 여백에 페르마의 마지막 정리 문제를 자신이 증명했지만 공간이 충분하지 못해 증명을 남기지 않는다는 메모를 낙서처럼 남겼다.

단순한 페르마의 메모일 뿐이었다. 당시 디오판토스의 《산수론》을 증명하고 싶어 했던 페르마는 그 책의 여백에 "나는 이 문제에 대한 놀라운 증명을 해냈지만 여백이 좁아서 증명과정을 적을 수 없다."라고 썼다고 한다. 최고의 수학자 중 한 명으로 꼽히는 피타고라스만큼이나 수에 대해 관심이 많았던 페르마의 이 의미심장한 메모는 수학자들에게 편지를 보내 증명을 자랑하던 그의 성격이 그대로 드러나 있다.

페르마의 사망 후 그의 아들이 페르마의 물건들을 정리하다가 이를 발견해 책으로 출판했는데 페르마의 수많은 증명들 중 이 문제만이 증명되지 못해 페르마의 마지막 정리라는 이름을 갖게 되었다.

페르마의 마지막 정리는 $x^n + y^n = z^n$에서 n이 3 이상일 때 양의 정수 x, y, z가 존재하지 않는 것을 증명하는 것이다. 이 문제가 성립하는 것을 증명한다면 페르마의 마지막 정리는 끝이 난다.

그런데 단순하게 보였던 이 문제는 오랜 시간 수학자들을 괴롭히는 수수께끼가 되었다. 천재로 불리던 수학자들도 증명에 실패하면서 페르마도 증명을 못했을 거라는 억측까지 나올 정도였다.

분명 페르마의 마지막 정리는 페르마가 스스로 풀었다고 착각을 한 것이거나 증명했다고 거짓말을 한 것 둘 중 하나일 것이라는 생각이 들 정도였다.

그중 한 명이었던 오일러는 페르마의 마지막 정리를 증명하는 과정에서 복소수의 적용과 함께 허수 i를 발견했다. 소인수분해와 인수분해도 페르마의 마지막 정리를 증명하는 데 사용하는 방법 중 하나이다.

이처럼 페르마의 마지막 정리를 증명하려던 수학자들의 노력은 정수론의 발전을 불러왔다.

19세기 중반까지는 n이 3, 5, 7, 14일 때 만족하는 해가 없다는 것이 증명되었다. 20세기 중반에는 수학자 3명의 이름을 딴《시무라 – 다니야마 – 베이유의 추론》을 통해 페르마의 마지막 정리는 타원곡선과 관계가 있음을 발견했다. 타원곡선은 여러분이 사용하는 교통카드에도 적용하는 수학 분야로, 최초 연구자는 노르웨이의 수학자 아벨^{Niels Henrik Abel,}

^{1802~1829}이다. 뿐만 아니라 공개키 암호설정으로 안정적인 암호 전송이나 암호 방식 추구에도 이용한다. 즉 페르마의 마지막 정리를 증명하는 과정에서 발견된 수학은 과학과 기술의 발전에 영향을 주었던 것

아벨.

이다.

수백 년 동안 증명되지 않아 수학계를 괴롭히던 페르마의 마지막 정리는 1993년 6월에 프린스턴 대학 교수였던 앤드류 와일즈가 증명했다.

앤드류 와일즈는 페르마의 마지막 정리를 증명하기 위해 19세기와 20세기의 수학 기법과 타원곡선을 이용했다. 그 방법은 보물섬의 위치를 발견하고, 찾아가는 과정에서 항로를 안전하게 운항할 수 있는지 확인하는 것과 같았다.

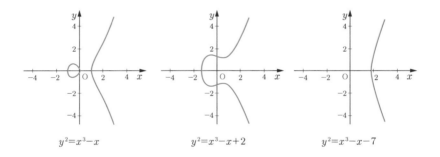

$$y^2 = x^3 - x \qquad y^2 = x^3 - x + 2 \qquad y^2 = x^3 - x - 7$$

타원 곡선의 여러 형태 중 식의 변화에 따른 모양 변화를 나타낸 3개의 그래프.
타원 곡선은 페르마의 마지막 정리를 접근하는 열쇠이다. 타원 곡선은 현재 암호화에도 수학적으로 접근한다.

1993년 앤드류 와일즈는 케임브리지의 뉴턴 연구소에서 200여 명의 수학자를 대상으로 3일 동안 칠판에 수식을 써내려가면서 증명했다.

그런데 오류가 발견되어 2년 동안 수학자 리처드 테일러와 공동 연구를 한 후 다시 발표함으로써 페르마의 마지막 정리는 증명을 종결짓게 되었다.

1997년 앤드류는 페르마의 마지막 정리를 증명한 업적으로 볼 프스켈 상을 수상했으며, 5만 달러의 상금도 받게 되었다. 또한 기네스북에 가장 어려운 수학 문제 증명으로 앤드류의 증명방법이 등재되었다. 그리고 2000년에는 기사작위를 받았다.

몇 세기에 걸쳐 수학계를 흔들었던 페르마의 마지막 정리의 증명은 이렇게 끝을 맺는다.

그런데 여러분은 궁금하지 않은가?

페르마는 17세기의 수학 기법으로 증명했을 텐데, 앤드류는 19세기와 20세기의 수학적 해법으로 증명했다. 그렇다면 앤드류가 했던 증명만이 유일한 증명 방법이었을까? 또 다른 증명 방법이 혹시 있는 것은 아닐까? 이에 대한 의구심을 가진 수학자들은 여전히 페르마의 마지막 정리의 증명에 도전하고 있다.

데카르트의《방법서설》
-대수학과 기학학의 만남을 실현하다!

페르마의 마지막 정리의 메모를 세상에 기록한 해는 1637년이다. 그리고 데카르트의《방법서설Discours de la méthode》이 발표된 해도 1637년이다.《방법서설》에는 우리가 아는 아주 유명한 명언이 쓰여 있다.

"나는 생각한다. 고로 나는 존재한다"

데카르트Rene Descartes, 1596~1650는 페르마와 수학의 쌍둥이로 불리기도 했다. 화이트헤드는 데카르트를 다음과 같이 평가했다.

"플라톤이 유럽 철학을 이끌었다면 데카르트의 철학은 근대 유럽철학을 이끌었다"

데카르트는 근대철학의 아버지로 불리면서도 해석기하학의 창시자로 세상에 알려졌다. 데카르트의 합리주의는 진리에 관한 명확한 근거로 사고하는 것을 우선으로 했다. 모든 진리

《방법서설》속표지.

는 완벽하지 않으므로 이성으로 이끌어 생각하고, 풀어나가야 한다는 의지가 강했던 것이다.

그의 첫 직업은 군인이었다. 그는 여러 차례 전쟁에 참전하는 동안 병영에서 많은 사색을 했다고 한다. 그는 당시 세 번에 걸쳐 인상적인 꿈을 꾸었는데 첫 번째는 엄청난 회오리바람에 휩쓸리는 꿈이었다. 두 번째 꿈은 우레가 크게 내리치는 꿈이었으며 세 번째 꿈은 고대 라틴어 시집에서 "인생의 어떤 길로 따라가야 하는가?"라는 시구를 읽은 꿈이었다고 한다. 이 꿈을 통해 그는 인생의 목표를 삶과 지혜를 추구하는 것으로 정하고 제대 후 귀향하여 재산을 모두 팔아 연금 형태로 바꾼 뒤 생계를 이어나갔다.

데카르트의 업적 중《방법서설》을 빼놓을 수 없는데 처음 등장하는 좌표계는 지금도 수학 문제를 풀 때 자주 볼 수 있다. 좌표계의 발상은 데카르트가 누워 있다가 천장에 날아다니는 파리의 움직임을 보고 떠올렸다고 한다.

그가 제안한 방법서설은 미적분 같은 해석학이 대수학과 기하학의 만남으로 증명 및 문제 풀이를 할 수 있도록 했다. 데카르트는《방법서설》을 소개할 때 '이성으로 생각하는 철학적 인간을 위한 책'이라고 언급했다.

뉴턴은 케임브리지 대학 시절 독학으로 《방법서설》을 공부했다. 뉴턴과 라이프니츠가 미적분에 많은 업적을 이룬 것도 《방법서설》의 영향을 받은 것으로 평가하고 있다. 데카르트의 좌표의 그림은 다음과 같다.

2차원에서는 일반적으로 좌표평면을 제1사분면, 제2사분면, 제3사분면, 제4사분면의 네 부분으로 나눈다. 좌표에는 원점 O를 표시하고, 점의 위치는 $(0,0)$을 나타낸다. 제1사분면은 x와 y가 모두 양수이다. 제2사분면은

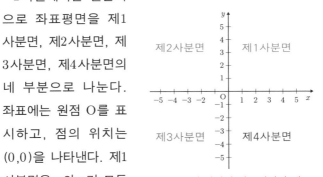

데카르트가 창안한 좌표평면의 예.

x는 음수이고, y는 양수이다. 제3사분면은 x와 y가 모두 음수이다. 제4사분면은 x는 양수, y는 음수이다.

좌표평면에는 직선의 그래프나 곡선의 그래프 등을 그릴 수 있다. 또 여러 함수 그래프를 그릴 수 있다. 방정식과 함수의 그래프의 개형과 위치를 표시하여 잘 그릴 수 있는 것이다.

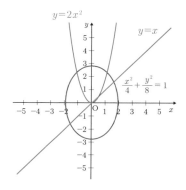

데카르트의 업적으로 꼽을 수 있는 것 중에는 대수방정식에서 지금도 사용하는 계수와 문자의 첫 사용도 있다.

그는 대수방정식에서 미지수 x, y 등의 사용과 x, y 앞의 계수를 알파벳 a, b 등으로 사용했고 오늘날에도 이는 그대로 사용한다.

만유인력의 법칙 1687년

고전역학을 수학으로 설명하다!

우리는 자연현상이 무질서하거나 우연적으로 발생하는 것으로 생각한다. 그러나 자연현상을 분석하고 연구하면 규칙성과 인과관계가 있는 것으로 밝혀지는 경우가 많다. 그리고 과학자의 연구 목표는 어떤 현상이든 규칙성과 인과관계를 밝혀내는 것이다. 인류 최고의 발견 중 하나라고 하는 만유인력도 이와 같은 과정을 거쳐 발견했다. 즉 당연하다고 생각하던 자연현상에서 인과관계와 규칙성을 발견한 아이작 뉴턴^{Isaac Newton, 1642~1727}의 결과물인 것이다.

뉴턴이 만유인력의 법칙을 생각한 사례는 유명하다. 떨어진 사과를 보면서 모든 물체가 이처럼 떨어지는데, 달은 왜 떨어지지 않는가에 대한 의문이었다.

지구와 달은 일정한 거리를 유지한 채 서로에게 영향을 주고 있다.

이러한 과학적 질문에 답을 얻게 된 것은 1665년 흑사병으로 유럽이 공포에 휩싸이면서 대학이 휴교하자 고향으로 돌아오면서였다. 고향으로 돌아온 뉴턴은 그곳에서도 연구에 전념해 미적분학과 기하광학 등 중요한 발견의 싹을 틔웠다.

만유인력의 법칙은 다음과 같이 나타낸다.

$$F = G\frac{Mm}{r^2}$$

F는 두 물체 사이의 끌어당기는 힘의 크기, G는 중력상수로 만유 인력상수로도 부르며, 값은 $6.67259 \times 10^{-11} \text{N} \cdot \text{m}^2/\text{kg}^2$이다. 중력상수는 1797년 영국의 화학자이가 물리학자인 헨리 캐번디시[Henry Cavendish, 1731~1810]가 비틀림 저울을 사용해 최초로 측정했다. 캐번디시의 실험으로 측정한 중력상수값은 현재 중력상수값과 오차가 거의 나지 않는다. 그리고 M, m은 각각의 질량, r은 두 물체 사이의 거리이다.

즉 만유인력의 법칙에서 두 물체 사이의 작용하는 인력의 크기 F는 질량의 곱에 비례하며 거리의 제곱에 반비례한다는 것을 설명한다. 이것은 라틴어로 쓰여진 《자연철학의 수학적 원리 Philosophiae Naturalis Principia Mathematica (줄여서 프린키피아)》에서 온 것이다. 1687년 7월 5일에 출간했던 《프린키피아》는 난해한 서적으로 평가받았다. 일화 중에는 케임브리지 대학의 한 학생이 지나가는 뉴턴을 보고 무심코 "다른 사람은 물론 본인도 이해 못 하는 책을 쓴 사람"으로 말했다고 한다.

하지만 뉴턴은 물리학 연구와 《프린키피아》의 출판으로 유럽에 명성을 떨치게 되었다.

18세기 뉴턴의 사후에는 《프린키피아》의 입문서에 대한 붐도 일어서 프랑스의 볼테르까지 《뉴턴 철학의 개요(1738)》를 발행하기에 이른다. 그만큼 고전역학의 기본서로 가치가 크기 때문이다. 관성의 법칙, 힘과 가속도 법칙, 작용과 반작용의 법칙으로도 이미 《프린키피아》는 역학을 설명하고 증명하는데 부족함이 없었던 것이다.

화가인 윌리엄 블레이크William Blake, 1757~1827는 뉴턴의 자연현상에 대한 수학적 해석에 대한 풍자화로 1795년에 벌거벗은 뉴턴이 작도하는 모습을 판화로 묘사했다.

만유인력의 법칙이 중요한 이유는 많다. 그중에서 핵심을 하나 꼽는다면 만유인력의 법칙이 지구와 달, 지구와 물체 외에도 태양

뉴턴의 자연현상에 대한 수학적 해석에 대한 풍자화로 벌거벗은 뉴턴이 작도를 하는 모습을 묘사한 판화.

계에서 태양과 행성의 운동에서도 작용한다는 것이다. 태양과 지구도 서로 끌어당기는 힘과 거리가 있으므로 만유인력의 법칙을 적용할 수 있다.

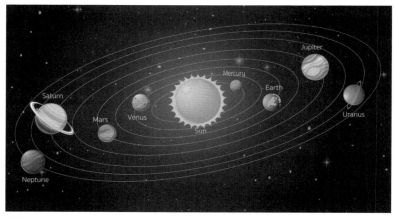

태양계.

힐베르트의 23가지 문제 **1900년**

수학의 논리구조를 체계적으로 세우고
수학의 발전에 이바지하다!

1900년 8월 8일 독일의 수학자이자 철학자인 다비드 힐베
르트는 프랑스 파리에서 열린 제
2회 세계수학자대회ICM^{International}
$_{\text{Congress of Mathematicians}}$에서 수학계에
서 해결해야 할 과제로 23가지 문제
를 제시했다. 독일수학협회장이었던
힐베르트는 이 문제들이 현대수학을
발전시키며 인류의 삶에 큰 공헌을

힐베르트.

할 것이라고 생각했다. 그의 바람이자 생각은 옳은 것이었다. 앨런 튜링의 컴퓨터도 힐베르트 문제를 해결하는 과정에서 컴퓨터의 기본 개념을 정립하게 되었으며 다른 예들도 많다.

'우리는 알아야만 한다. 우리는 알아낼 것이다'라는 명언을 남기기도 한 힐베르트는 23가지 문제가 증명되어 공리처럼 굳건해지기를 바랐다.

20세기에 제시한 문제들이지만 정작 100년이 지난 후에도 증명하지 못한 것은 6개이며, 해결된 문제도 부분적 해결을 포함하기에 여전히 수학자들의 도전과 연구가 필요한 과제로 남아 있다.

힐베르트의 23가지 문제의 범위를 간략하게 정리하면 다음과 같다.

1번부터 4번은 수학 기초론에 관한 문제들이다. 5번은 리군론, 6번은 물리학의 수학적 공리화에 관한 문제이다. 7번부터 12번은 정수론에 관한 문제들이다. 13번과 14번은 대수학 또는 대수기하학, 15번과 16번은 대수기하학 문제들이다. 17번과 18번은 기하학, 19번부터 23번까지는 해석학의 문제들이다.

문제 번호	문제 내용	해결 연도
1번 문제	연속체 가설에 관한 문제	1963년
2번 문제	자연수의 공리계에 모순이 없는가에 관한 문제	1931년
3번 문제	부피가 같은 두 다면체에서, 하나를 유한 개의 조각으로 잘라낸 후 붙여서 다른 하나를 항상 만드는 것이 가능한가?	1900년
4번 문제	직선이 최단거리를 주는 기하학의 조직적 연구	미해결
5번 문제	연속군은 항상 미분군인지에 대한 가설	해석의 관점에 따라 해결(1953년)과 미해결로 나누어짐.
6번 문제	물리학의 공리를 수학적으로 나타내어라.	미해결
7번 문제	0과 1이 아닌 대수적 수 a와 무리수인 b로 이루어진 a^b은 항상 초월수인지에 대한 문제	1934년
8번 문제	소수 분포 문제–리만 가설, 골드바흐 추측, 쌍둥이 소수 추측	미해결
9번 문제	대수적 수체에서 일반 상호 법칙	부분적 해결
10번 문제	디오판토스 방정식에서 정수해가 존재하는지 기계적으로 판별하는 알고리즘을 제시하여라.	1970년
11번 문제	이차체에 얻은 결과가 대수적 체로 확대 가능한가?	부분적 해결

문제 번호	문제 내용	해결 연도
12번 문제	크로네커-베버 정리의 아벨 확장을 유리수체 이외의 임의의 수체로 확장할 수 있는가?	미해결
13번 문제	일반 7차 대수방정식이 2변수 연속함수의 합성으로 풀어라.	부정적 해결
14번 문제	어떤 유리함수들의 환의 유한생성성의 증명하여라.	1959년
15번 문제	슈바르츠의 무한계산에 대한 엄밀한 계산을 제시하여라.	부분적 해결
16번 문제	대수곡선과 대수곡면의 위상에 관한 문제	미해결
17번 문제	음이 아닌 유리함수는 항상 제곱의 합 형태로 나타나는지에 관한 문제	1927년
18번 문제	정다면체가 아닌 도형으로 쪽매맞춤 완성의 가능성과 가장 조밀하게 구쌓기에 관한 문제	각각 1928년과 1998년
19번 문제	변분법으로 해결한 해는 항상 해석적인가?	1957년
20번 문제	어떤 경계조건을 가진 모든 변분문제가 해를 가지는가?	해결했으나 시기는 미상.
21번 문제	주어진 모노드로미 군을 가지는 선형 미분방정식의 존재 증명	1905년
22번 문제	보형함수에 의한 해석함수의 균일화	1907년
23번 문제	변분학의 연구의 새 전개	미해결

참고〉 https://en.wikipedia.org/wiki/Hilbert%27s_problems

1번 문제는 연속체 가설의 문제로 '정수의 집합보다 크고 실수의 집합보다 작은 집합은 존재하지 않는다.'는 것에 관한 증명문제이다. 미국의 수학자 폴 코헨[Paul Joseph Cohen,1934~2007]이 1963년에 해결했다.

2번 문제는 괴델의 불확정성의 원리로 해결했다.

3번 문제는 가장 먼저 증명한 힐베르트의 문제이다. 힐베르트는 참으로 증명했다. 한 개의 다면체를 잘게 나누어 다시 재조합하면 원래 다면체와 부피가 같다. 재조합하여 모양이 다른 것이다. 이것을 가위합동이라 한다. 그런데 힐베르트의 제자인 막스 덴[Max Wilhelm Dehn, 1878~1952]이 가위합동을 이용하지 않고도 부피가 같은 다면체를 재조합했다. 즉 힐베르트는 3번 문제를 참으로 증명했지만 그의 제자인 막스 덴이 거짓임을 증명한 것이다.

4번 문제는 두 점 사이의 최단거리로서의 직선에 관한 문제로 아직 미해결이다.

5번 문제는 해석의 관점에 따라 해결과 미해결로 나누어지는데, 힐베르트-스미스 추측과 동치일 때는 해결(1953년), 동치가 아닐 때는 미해결이다.

6번 문제는 확률론의 공리화와 원자론의 유체방정식 공리화로 나누어 해결하는 것에 주안점을 둔다. 확률론의 공리화는 콜로고로프[Andrei Nikolaevich Kolmogorov, 1903~1987]가 확률론으로 증명한 바 있으나 일부 학계에서는 아직 미해결로 보고 있다. 그리고 유체방정식 공리화는 미해결이다.

7번 문제는 겔폰트-슈나이더 정리로 증명했다. 32년 후인 1966년에 알렌 베이커[Alan Baker, 1939~2018]는 겔폰트-슈나이더 정리를 일반화하여 1970년에 필즈상을 수상했다.

8번 문제는 리만 가설과 골드바흐의 추측, 쌍둥이 소수 추측에 관한 문제이다. 아직 미해결로 남는다.

9번 문제는 대수적 수체에서 일반상호법칙에 관한 문제로 아벨확장으로는 증명했으나 비아벨확장으로는 증명하지 못했다. 즉 부분적 해결에 속한다.

10번 문제는 유리 마티야세비치[Yuri Matiyasevich, 1947~]가 질문에 대응하는 알고리즘은 만들 수 없음을 증명했다.

14번 문제는 일본의 수학자 나가타 마사요시[Nagata Masayoshi, 1927~2008]가 1959년 증명했다.

15번 문제는 대수기하학의 엄밀한 기초에 관한 것이다. 수학자 슈바르츠가 다양한 기하학적 배열을 엄밀하게 계산하지 않았지만 방법을 찾아냈는데, 그 방법을 증명하는 것이다. 부분적으로 해결했다.

16번 문제는 차수의 변화에 따라 대수곡선은 몇 개의 연결성분을 갖는지와 미분 방정식에는 몇 개의 주기를 갖는가에 대한 문제이다. 2003년 11월 18일 스웨덴 스톡홀름대학$^{\text{University of Stockholm}}$
의 대학원생 엘린 옥센힐름$^{\text{Elin Oxenhielm,1981~}}$이 증명한 것을 논문에
발표했다고 보도가 되어 화제가 되었으나 많은 수학자들은 증명
과정의 불완전함과 오류에 대해 많은 지적을 했다. 따라서 현재도
미해결 문제이다.

17번 문제는 음이 아닌 유리함수를 항상 제곱의 합 형태로 나
타낼 수 있는지에 관한 것이다. $y = 5x^2 - 2x + 2$는 음이 아닌 유리
함수의 한 예인데, 이 함수를 $y = (x+1)^2 + (2x-1)^2$의 형태로 나
타낼 수 있는지에 대한 것이다. 오스트리아의 수학자 에밀 아르틴
$^{\text{Emil Artin, 1898~1962}}$이 1927년 증명했다.

18번 문제는 두 가지이다. 첫 번째는 부등변 다각형으로 평면을
완성할 수 있는지에 대한 문제이다. 2차원에는 17개의 군이, 3차
원에는 230개의 군이 있다는 것을 토대로 독일의 수학자 라인하
르트는 정오각형이 아닌 오각형으로 평면을 채우는 것을 증명했
다. 이후 또 다른 부등변 오각형으로 쪽매맞춤으로 완성한 이론과
그림이 많이 등장하게 된다.

두 번째는 케플러 추측에 관한 문제로 1611년에 제시한 것이다.
'크기가 같은 공을 어떤 방법으로 가장 조밀하게 쌓을 수 있을까?'
에 관한 추측으로 1590년대 말 영국의 항해가인 월터 랠리 경이
조수였던 수학자 토머스 해리엇$^{\text{Thomas Harriot, 1560~1621}}$에게 포탄이

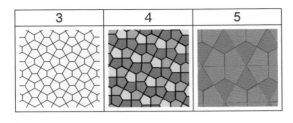

수학자 라인하르트가 1928년에 부등변 오각형으로 쪽매맞춤을 완성하는 것을 증명한 이후 부등변 오각형으로 쪽매맞춤을 완성하여 발표한 수학자들이 계속 등장하고 있다. 왼쪽의 그림은 그중 3가지 쪽매맞춤의 예이다.

쌓인 모습을 보고 개수를 알아내는 방법에 대해 물어보면서 나온 문제이다.

문제를 풀지 못한 토머스 해리엇은 케플러에게 서한을 보냈지만 케플러 역시 약 74%일 것임을 알려오면서도 정확한 결론을 내리지는 못했다. 케플러는 청과물 상인이 오렌지나 사과를 진열대 앞에 쌓는 것에서 아이디어를 얻었다고 한다. 뉴턴, 오일러도 케플러의 추측에 대해 증명하지는 못했다.

이 문제의 증명을 간략하게 살펴보면 다음과 같다.

단순하게 공을 쌓아올리면 밀도는 52%이다. 이렇게 단순하게 공을 쌓아올리는 것을 단순입방격자로 부른다. 단순입방격자의 중간 부분에 공을 쌓아올려서 빈 공간을 줄이는 것을 체심입방격자로 부르는데, 밀도는 68%이다. 체심입방격자보다 더 촘촘히 쌓는 면심입방격자와 조밀육방격자가 최적의 쌓기 방법이 된다. 밀도는 약 74%로 최대가 된다. 가우스는 1831년에 이것을 증명했다. 그러나 어디까지나 규칙적 쌓기의 경우이고, 불규칙적일 때는 정확한 증명이 되지 않기 때문에 완전히 해결한 것은 아니었다. 그리고 케플러의 추측을 정확히 증명하려면 공을 겹치지 않게 쌓으면서 밀도를 최대로 할 수 있는 방정식도 고려해야 했다.

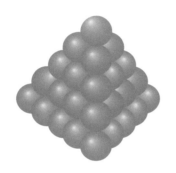

1998년에 이르러 토머스 헤일스$^{Thomas\ Callister\ Hales,\ 1958\sim}$는 대학원생 퍼거슨과 함께 150개의 변수의 방정식과 50개의 공에 대한 배치의 경우의 수인 5,000가지를 고려하면서 컴퓨터 계산으로 약 74%임을 확인하면서 더 이상 조밀도를 높일 수 없다는 확실한 결론을 짓는다. 심사위원단의 검토 기간은 5년 정도였다. 그러나 컴퓨터의 도움으로 해결한 4색 정리처럼 과연 수학적 진리를 100% 해결한 것인가에 대한 논쟁은 여전히 남아 있다.

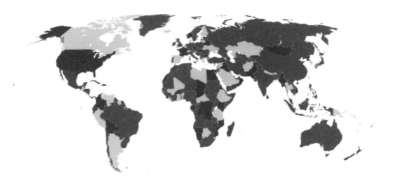

4색 문제: 이웃한 국가의 색이 겹치지 않고 전 세계를 4가지 색만으로 색칠할 수 있는지에 대한 문제.

19번 문제는 타원형 편미분방정식에 관한 문제로 1957년에 이탈리아 수학자 엔니오 데 조르지Ennio De Giorgi, 1928~1996가 증명했다. 존 내시도 이후에 다른 방법으로 증명했다.

20번 문제는 여러 수학자들이 비선형인 조건에서 해결했다.

21번 문제는 힐베르트 자신이 증명했다.

22번 문제는 독일의 수학자 파울 쾨베Paul Koebe, 1882~1945가 1907년 증명했다. 보형함수는 삼각함수나 타원함수를 일반화한 함수이다.

23번 문제는 증명을 하기에는 모호한 질문이 있어서 아직 미해결 문제로 남는다.

힐베르트는 23가지 문제를 발표할 당시에 다음과 같이 말했다.

위 문제들과 수학의 여러 중요한 문제들 중, 리만 가설은 몇 년 안에 해결할 것이고, 페르마의 마지막 정리는 여기 오신 분들의 자녀분들이 죽기 전에 해결될 것입니다. 7번 문제는 몇 백 년이 걸릴지도 모릅니다.

그러나 힐베르트의 발표와는 달리 리만 가설은 여전히 미해결 상태이며, 페르마의 마지막 정리는 힐베르트가 예상했던 세월보다 더 걸렸고, 7번 문제는 34년 뒤에 증명했기 때문에 몇 백 년이 걸린다는 예상을 깼다.

힐베르트의 23문제는 수학적 가치가 크다. 문제가 애매모호해서 증명이 어려운 것도 있을 수 있으며 답을 알지만 수학의 특성상 증명이 필수이므로 명확하게 증명하지 못해서 미해결로 남는 것도 있다. 단순히 직감에 따른 가설이나 추측만으로는 수학의 목표인 이론이나 공리가 되지는 못하기 때문이다. 그리고 여전히 수학자들이 증명에 도전하는 이유는 힐베르트의 23가지 문제 중 하나만 증명해도 수학자들에게는 대단한 성과이며 업적으로 남기 때문이다.

ABC 추측 2012년

페르마의 마지막 정리를 더 간단히 증명할 수 있는 ABC 추측의 해법 발견?

ABC 추측[ABC conjecture]은 정수론에서 풀리지 않는 수학 문제였다. 스위스의 수학자 데이비드 매서[David Masser, 1948~]가 제일 먼저 발표했고, 프랑스의 수학자 조제프 외스테를레[Joseph Oesterlé, 1954~]가 추측을 더욱 정립하여 내놓았다. 이 추측이 중요한 이유는 증명하면 정수론에 나타나는 다른 유명한 정리들을 더 빨리 풀 수 있도록 돕는 열쇠가 되기 때문이다. 특히 이미 1995년 페르마의 마지막 정리의 증명이 검증되었지만 증명과정을 더욱 간단히 할 수 있을 것이라는 기대를 받았다.

2007년에는 프랑스의 수학자 뤼시앙 스피로^{Lucien Szpiro, 1941~2020.}가 ABC 추측의 증명을 발표했지만 검증 과정에서 오류를 발견했다.

ABC 추측을 간단하게 설명하면 다음과 같다.

우선 소수인 두 수 a, b가 있다. 두 수의 합은 c이다. d는 세 수 a, b, c를 곱한 것으로 한다. 그러면 $c<d$이고 $c>d$인 예는 없다는 것이 ABC 추측의 주된 내용이다.

숫자를 대입하여 한번 살펴보자.

a를 3, b를 7로 했을 때 c는 두 수의 합이므로 10이다. d는 210이다. $c<d$인 것을 알 수 있다. 그러나 이것은 숫자를 대입하여 증명한 것이므로 모든 수가 해당하는 지에 관한 증명을 한 것은 아니다.

2012년 8월 일본의 수학자이자 교토대학교의 교수인 모치즈키^{Mochizuki, Shinichi, 1969~}는 연구한 지 12년 만에 논문 공개사이트 아카이브엑스에 600여 쪽의 논문을 공개하고 피림스^{PRIMS}에 제출했다. 그러나 학계에서는 미심쩍고 불명확한 부분이 있다는 의견이 나왔다. 일본 학계는 이미 증명은 완결됐다고 하는 분위기였으나 미국과 유럽에서는 그렇지 않았다.

ABC 추측은 증명과정도 난해하여, 7년 동안 검증했음에도 아직 완전하게 이루어지지 못했지만 난제를 검증하는 기관인 수학

연보$^{Annals\ of\ Mathematics}$에서 발표할 예정이다.

ABC 추측을 아직 완전하게 증명하지 못했다고 주장한 수학자 중에는 솔체$^{Peter\ Scholze,\ 1987\sim}$와 스틱스$^{Jakob\ M.\ Stix,\ 1974\sim}$가 있다. ABC 추측에 관한 모치즈키의 4편의 논문에서 3번째 논문의 따름정리는 중요한 부분이었는데, 이에 관한 증명을 요구한 것이다. 그러나 모치즈키는 지적된 부분에 대해 솔체와 스틱스에게 증명으로 납득시킬 수 없었으며, 두 수학자도 모치즈키에게 그 부분에 대해 정확히 어떤 하자가 있는지를 제시하지 못했다.

솔체는 2018년 퍼펙토이드 공간으로 필즈상을 수상받은 독일의 수학자이며, 스틱스는 산술대수기하학$^{arithmetic\ algebraic\ geometry}$을 주로 연구하는 독일의 수학자이다.

모치즈키 교수는 5살 때 아버지와 함께 미국으로 건너간 뒤 프린스턴 대학에서 수학을 전공하고 박사학위까지 마쳤다. 27세에 교토대학교 조교수가 되었고, 32세에 동 대학의 교수가 되었다.

그는 오랫동안 미국에서 생활했기 때문에 초기에는 서툰 일본어로 강의하는 것이 힘들었다고 한다.

2005년 36세에 모치즈키 교수는 일본학술원이 45세 이하 젊은 학자를 대상으로 창설한 학술장려상 제1회 수상자로 뽑힐 정도로 수학의 실력자로 인정받았다.

안드리카의 추측-
소수의 패턴을 연구하다.

1985년 루마니아의 수학자 안드리카[Dorin Andrica, 1956~]는 소수의 패턴을 연구하던 중 '이웃한 두 소수의 제곱근의 차가 항상 1보다 작다'는 '안드리카의 추측'을 발표했다.

이웃하는 두 소수인 2와 3의 제곱근의 차는 $\sqrt{3} - \sqrt{2}$로 계산하면 0.3178…로 무한소수이며 1보다 작다. 이는 안드리카의 추측에 맞는 계산이다. 그리고 168쪽의 표에서 100 미만의 이웃한 두 소수의 제곱근의 차는 $\sqrt{11} - \sqrt{7}$의 경우가 약 0.6709로 가장 크다는 것을 알 수 있다.

2008년 안드리카의 추측을 1경 3,002조 자릿수의 소수까지 검증한 결과 여전히 $\sqrt{11} - \sqrt{7}$이 약 0.6709로 가장 큰 값으로 증명되었다. 그러나 아직까지 모든 이웃한 두 소수에서 안드리카의 추측이 참인지는 증명되지 않았다.

안드리카의 추측은 소수의 패턴을 연구하는 데에는 중요하고도 필요한 가설이다. 증명이 된다면 소수의 연구에 중요한 르장드르 추측도 수월하게 증명할 수 있으므로 가치가 높다. 르장드르 추측은 연속한 두 자연수의 제곱 사이에는 항상 소수가 존재한다는 가설이다.

소수	이웃한 두 소수의 제곱근의 차	소수	이웃한 두 소수의 제곱근의 차
2			0.1543
	0.3178	43	
3			0.2982
	0.5040	47	
5			0.4245
	0.4097	53	
7			0.4010
	0.6709	59	
11			0.1291
	0.2889	61	
13			0.3751
	0.5176	67	
17			0.2408
	0.2358	71	
19			0.1179
	0.4369	73	
23			0.3442
	0.5893	79	
29			0.2222
	0.1826	83	
31			0.3235
	0.5150	89	
37			0.4149
	0.3204	97	
41			

100 미만의 소수를 안드리카의 추측 공식으로 대입한 결과를 근삿값으로 나타낸 표.

모듈라이 공간을 밝혀 파헤치는 우주의 비밀! 2014년

필즈상 최초의 여성 수학자 미르자카니

이란의 테헤란에서 태어난 수학자 마리암 미르자카니^{Maryam} Mirzakhani, 1977~2017는 어린 시절 작가를 꿈꿨다. 그녀가 초등학교를 졸업할 무렵 이란과 이라크 전쟁이 끝나면서 이란의 영재개발을 목적으로 한 국가기관인 파르자네한 여자중학교에 입학했다.

그녀는 1994년 국제수학올림피아드에 참가하여 금상을 받았고 다음 해에는 대회에 참가해 만점을 받았다. 당시 여성들에게 수학적 교육의 기회와 대회 참가가 어려운 시기였던 만큼 이는 대단한 성과였다.

그 후 그녀는 하버드 대학에 진학해 커티스 맥멀런^{Curtis McMullen,}

^{1958~} 교수의 수업을 수강하게 되었다. 그리고 맥멀런 교수의 쌍곡기하학에 흥미를 느끼게 되어 그 분야에 대한 연구를 시작했다. 커티스 맥멀런 교수는 영어에 서툰 미르자카니가 많은 질문을 하며 강의에 열중하는 모습이 매우 인상적이었다고 한다.

미르자카니는 2004년 하버드 대학에서 박사학위를 취득했다.

그녀는 타이히 뮐러 이론, 쌍곡기하학, 에르고드 이론, 위상수학을 집중적으로 연구했으며 클레이 수학연구소의 연구원으로 지내기도 했다.

그녀의 수학에 대한 열정은 계속되었으며 2014년 8월 한국에서 열린 세계수학자대회에서 〈리만 곡면의 역학·기하학과 모듈라이 공간〉를 주제로 한 논문을 발표했다. 이 논문으로 그녀는 필즈상을 수상하며 화제의 인물이 되었다. 필즈상이 제정된 지 80년 만에 최초의 여성수학자가 수상했기 때문이다. 수상 소감도 화제가 되었다.

"수학에 중요한 것은 재능이 아니라 재능이 있다고 느끼는 것이다. 수학에 재능이 있다고 느낄 수 있도록 자신감을 갖는 것이 중요하다."

그녀의 말은 수학을 공부하는 모든 이가 간직하여야 할 좌우명일 수도 있다.

그녀의 지칠 줄 모르는 연구 중 현대사회에 가장 큰 영향을 준 것은 모듈라이 공간의 부피를 계산하는 공식의 발견일 것이다. 이는 우주의 비밀을 알아내는 데 큰 기여를 한 것으로 보고 있다.

수학자로 명성을 쌓아온 그녀는 2016년 미국국립과학아카데미 USNAS 회원이 되었다. 하지만 곧 유방암이 발견되어 투병생활을 하다 2017년 7월 40세의 젊은 나이에 세상을 떠났다.

조국인 이란의 신문에 실린 마르자카니의 부고 사진은 히잡을 쓴 모습이 아니라 생전 미르자카니의 짧은 머리를 그대로 담고 있었다.

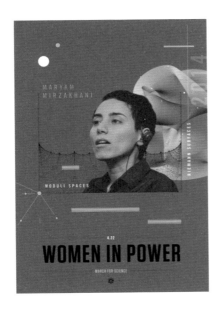

미르자카니의 연구는 우주의 기원에 적용되는 물질 과학, 양자 이론, 이론 물리학에 영향을 주었다.

수학계의 노벨상인 필즈상

수학계의 가장 권위 있는 상으로 인정받으며 수학계의 노벨상으로 불리는 필즈상은 4년마다 열리는 세계수학자 대회ICM: International Congress of Mathematicians 에서 수여한다. 노벨상에 수학 분야가 없는 이유는 다음과 같다.

'반드시 발명이나 발견을 통해 인류복지에 실질적으로 기여한 자에게 준다'

따라서 노벨은 수학이 실용성 있는 학문이 아니라고 생각했던 것으로 추측한다.

노벨상에 버금가는 수학 상을 만들고 싶어 했던 캐나다의 수학자 필즈John Charles Fields, 1863~1932는 수학의 발전에 기여한 사람에게 상을 주도록 전 재산과 함께 유언을 남겼고 이에 따라 1936년 첫 필즈상을 수여했다.

필즈.

필즈상은 노벨상과 달리 두 가지 규칙이 있다.

첫 번째는 4년에 한번 수여한다는 것이다.

두 번째는 40세 이하의 젊은 수학자만이 그 상을 탈 수 있는 자격이 있다.

필즈는 이와 같은 규칙에 대해 다음과 같이 말했다.

"필즈상은 이미 이룩한 업적을 기리기 위해 수여하지만, 차후에도 좋은 수학적 성과를 내도록 장려하는 의미로 준다."

그런데 수학계에서는 만 40세 이후에 연구 성과가 좋아서 새로운 발견을 하는 경우는 드물다고 평가한다. 따라서 만 40세 미만의 수학자만 받을 수 있는 것에 대해 차별이라고 생각하는 수학자보다 그렇지 않다고 생각하는 수학자가 더 많다고 한다.

필즈상은 1936년 1회 수상 후 2회는 4년 후가 아니라 14년이 지난 1950년에 개최했다. 제2차 세계대전이 발발하면서 뒤로 미뤄지게 된 것이다. 현재 필즈상은 2~5명에게 수상하고 있다.

필즈상의 메달 앞면에는 아르키메데스의 초상과 라틴어로 '자신 위로 올라서 세상을 꽉 붙잡아라'는 문구가 있다. 메달이 처음 만들어진 연도가 1933년이며 MCMXXXIII로 표기되어야 하는데 MCNXXXIII로 잘못 표기했다. 뒷면에는 라틴어로 '전 세계에서 모인 수학자

들의 탁월한 업적에 이 상을 수여한다'고 적혀 있다. 문구
뒤에는 나뭇가지와 아르키메데스의 묘비가 새겨져 있는
데 '원뿔과 구와 원기둥의 부피의 비는 1:2:3이다'는 내
용일 것으로 추정한다. 그림은 가려져 있어 일부분만 보
이는데 아래 왼쪽 그림은 아르키메데스의 원뿔과 구, 원
기둥 전체를 나타낸 그림이다.

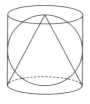 

필즈상 뒷면에는 나뭇가지와 묘비 뒤로 아르키메데스의 묘비에 그려
진 그림이 가려져 있다.

필즈상의 1회 수상자는 핀란드의 수학자 라르스 알포
르스Lars Ahlfors, 1907~1996와 미국의 수학자 제시 더글러스
Jesse Douglas,1897~1965였다. 그들은 각각 유리형 함수 및
리만 면의 연구와 플라토의 문제Plateau's problem 해결로 수
상했다.
수학계의 노벨상이라고 불리는 필즈상 수상을 거부한

수학자도 있다. 러시아의 그리고리 페렐만은 푸앵카레의 추측을 증명했으나 2006년 필즈상 수상을 거절했다.

1990년 에드워드 위튼은 물리학자임에도 이론물리학에 대한 공로로 수상했다. 1998년 페르마의 마지막 정리를 증명한 앤드류 와일즈는 만 40세가 넘어서 안타깝게 필즈상을 받지 못했으나 국제 수학 연맹[IMU]이 특별상으로 기념은판을 수여했다.

필즈상을 스승과 제자가 연이어 수상받은 이례적 일도 있다. 1994년 필즈상을 수상받은 프랑스의 피에르 루이 리옹[Pierre-Louis Lions, 1956~] 교수는 프랑스의 세드리크 빌라니[Cédric Villani, 1973~] 교수의 스승이다. 그리고 세드리크 빌라니 교수는 2010년 비균질적 볼츠만 방정식 정칙성 문제로 필즈상을 수상했다. 2018년 최적운송이론으로 필즈상을 수상한 피갈리[Alessio Figalli, 1984~] 교수의 스승은 세드리크 빌라니 교수이다. 스승과 제자가 연이어 필즈상을 수상한 것이다.

뫼비우스의 띠 **1858년**

2차원에서 3차원으로 변하다

독일의 수학자 뫼비우스^{August Ferdinand Möbius, 1790~1868}는 뫼비우스의 띠만으로도 전 세계에 이름을 알린 수학자이다. 수학과 미술, 건축 분야에서 상당히 많이 사용하는 뫼비우스의 띠가 유명해지면서 그는 천문학자로도 많은 연구를 하였음에도 수학자로 명성을 높였다.

아마 여러분은 미술 시간이나 수학시간에 뫼비우스의 띠를 한 번쯤은 만들어 보았을 것이다. 뫼비우스는 1858년 9월 69세의 나이에 뫼비우스의 띠를 발견하고 프랑스 과학원에 논문을 제출했다. 하지만 논문은 그의 사후에 출판되었다.

뫼비우스의 띠는 우연히 발견했다. 뫼비우스가 해변에 여행을 갔는데, 숙소에 파리가 많았다. 그는 귀찮은 파리를 잡기 위해 양면에 접착제가 발라져 있는 테이프를 샀다. 지금은 흔하지 않은 끈끈이일 것으로 예상한다.

그날 밤 끈끈이 테이프를 설치하고 잠이 든 그는 다음 날 아침 끈끈이 테이프에 많은 파리가 달라붙어 죽어 있는 것을 발견했다. 그런데 파리들이 달라붙어 벗어나기 위해 움직이면서 테이프가 꼬였고 그 모양이 뫼비우스의 띠 모양이었다고 한다.

1개의 모서리와 겉과 속의 구별이 안 되는 1개의 면을 가진 모양을 본 것이다. 이 모양을 보고 뫼비우스는 수학에서 무한대를 뜻하는 ∞와 비슷하기도 한 뫼비우스의 띠에 관한 아이디어를 떠올렸다.

뫼비우스 띠.

뫼비우스의 띠$^{\text{Möbius strip}}$는 가로가 세로보다 조금 더 긴 직사각형 모양인 종이의 한쪽 끝을 반 바퀴 꼬아서 반대편과 마주 붙여서 완성한다. 띠를 따라서 한 바퀴를 돌고 되돌아오면 위아래가 바뀐다. 또한 뫼비우스 띠의 중간 부분에 점을 찍은 후 연필로 한 바퀴를 돌면 한 바퀴를 완전히 돌았을 때 그 점의 뒷부분에 도착하게 된다. 그리고 계속해서 한 바퀴를 더 돌면 다시 원래 점 위치에 오게 된다.

평면도형과 입체도형을 설명할 때 오일러 지표가 있다. 예를 들어 삼각형은 점(v)의 개수가 3이고, 변(e)의 개수가 3이고, 면(e)의 개수는 1이고 이때 $v-e+f=3-3+1=1$이 된다. 즉 $v-e+f=1$이다.

입체도형은 $v-e+f=2$이다. 사각기둥(육면체; 주사위를 떠올리자)을 생각하면 된다. 사각기둥의 점(v)의 개수가 8이고, 모서리(e)의 개수가 12이며, 면(e)의 개수는 6이다. $v-e+f=8-12+6=2$가 된다. 이것은 유명한 '오일러의 다면체 정리'이다. 축구공은 꼭짓점의 개수가 60, 모서리의 개수가 90, 면의 개수가 32이므로 $v-e+f=60-90+32=2$이다.

그렇다면 뫼비우스의 띠는 $v-e+f$를 계산하면 어떤 결과가 될까?

축구공의 오일러 지표는 2이다.

뫼비우스 띠의 점(v)의 개수는 없다. 그리고 변(e)의 개수는 1이다. 왜냐하면 띠를 가로지르지 않고도 반대편으로 갈 수 있기 때문이다. 면(f)의 개수는 1이다. 띠의 안쪽과 바깥쪽이 구별되지 않고 색칠을 해도 2가지의 색칠을 할 수 없기 때문이다. 따라서 $v - e + f = 0$이다.

1928년 포레스트 사는 뫼비우스의 띠를 활용하여 양면에 녹음이 되는 뫼비우스 필름을 만들었다. 1957년 굿 리치사[B.F. Goodrich Company]는 뫼비우스 띠 모양의 컨베이어 벨트를 생산해 특허를 냈다. 컨베이어 벨트를 반 바퀴 비틀어 만들면 벨트 양면을 전부 사용하므로 2배로 절약이 가능하다. 우리나라의 한복에서도 뫼비우스의 띠를 찾을 수 있다. 한복 바지의 큰 사폭과 작은 사폭을 한 번 비틀어서 마주 이어붙이는 'ㅅ' 모양이 뫼비우스의 띠와 같다.

한복 바지에서도 뫼비우스의 띠를 찾아볼 수 있다.

뫼비우스의 띠가 2차원에서 3차원으로 변화한다면 클라인 병은 3차원에서 4차원으로 변화한다. 클라인 병은 독일의 수학자 펠릭스 클라인[Christian Felix Klein, 1849~1925]이 1882년에 개발한 것이다.

그는 프러시아 군으로 복무한 후, 23세에 교수가 되었다. 또한 괴팅겐 대학교에서 수학연구소를 설립하고 독일의 수학자 힐베르트와 공동 연구를 했으며 수학교육과정에도 참여했다.

클라인이 특히 관심을 보인 수학 분야는 군론과 복소 해석학이다.

클라인 병은 아래와 같이 직사각형 모양의 종이를 말아서 원기둥 모양을 만들고 비틀어서 양쪽 끝을 연결하면 만들 수 있다.

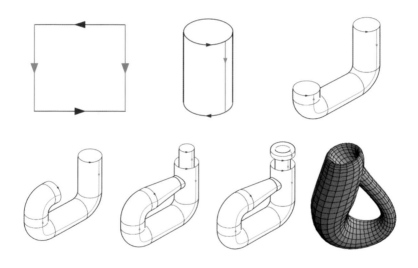

직사각형 모양의 종이로 클라인 병을 만드는 과정.

클라인 병을 완성하면 외부와 내부가 구분이 안 되는 뒤섞인 형태가 되는데 흡사 뫼비우스 띠와 같은 원리이다. 완성한 클라인

병의 그림을 보면 클라인 병이 3차원이지만 4차원으로 나타내야 더 정확하게 시각화할 수 있음을 알 수 있다. 하지만 이렇게 만들기는 매우 어렵다.

4차원은 계란을 깨지 않고도 노른자를 뺄 수 있는 놀라운 공간이다. 따라서 4차원의 클라인 병은 물을 부었을 때 물이 채워지지 않고 흘러 나와서 채울 수 없다. 이것은 안과 밖의 구분이 없기에 가능한 것이다. 또한 클라인 병을 반으로 쪼개면 두 개의 뫼비우스 띠가 된다. 클라인병의 오일러 지표는 뫼비우스 띠의 오일러 지표와 마찬가지로 0이다.

세상에서 가장 큰 수
그레이엄 수의 발견 1971년

현재까지 세상에 알려진 수 중 가장 큰 수

그레이엄 수는 기네스북에도 올랐던 수이며 1971년 9월 수학 저널지 〈수학 게임들Mathematical Games〉에 실린 수로, 무한대만큼이나 거대하게 느껴지는 수이기도 하다. 그레이엄 수는 미국의 수학자 로널드 그레이엄Ronald Lewis Graham, 1935~2020이 램지 이론을 연구하다가 발견한 수이다. 기하학을 연구하다가 수에 관한 연구로 나아간 것인데, 램지 이론은 다음 그림처럼 나타낸다.

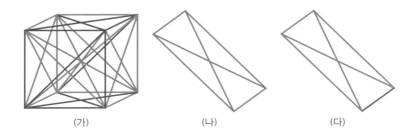

(가)   (나)   (다)

그림 (가)처럼 꼭짓점이 8개인 육면체에 28개의 선을 연결한다. 28개의 선분은 빨간색과 파란색 2종류로 색칠한다. 그러면 (나)의 모양 같은 모노크롬 크로스박스$^{monochrome\ crossbox}$처럼 빨간색의 도형이 나타난다. 이 도형은 2차원 평면처럼 보이나 3차원 공간에서 그려지는 도형이다. (다)처럼 도형의 아랫부분을 파란색으로 칠하면 모노크롬 크로스박스는 없다. 3차원을 설명했지만 4차원 이상의 차원에서는 대단히 복잡할 것이다.

지금까지 12차원의 램지 이론에서 모노크롬 크로스박스가 없는 결과를 얻었다. 13차원은 아직 확실한 증명은 되지 않았다.

이와 같은 램지 이론의 차원을 연구하다가 탄생한 수가 그레이엄 수인 것이다.

그레이엄 수가 너무 크다 보니 그레이엄 수에 대한 설명이나 표기법은 그레이엄 수를 발표한 5년 후인 1976년 도널드 커누스 $^{Donald\ Ervin\ Knuth,\ 1938~}$의 제안으로 확립했다.

화살표 ↑로 표기하며 그레이엄 수를 구하는 과정의 예는 다음
과 같다.

1 $3\uparrow3=3^3=27$

숫자 3 사이의 화살표는 앞의 숫자를 밑으로, 뒤의 숫자를
지수로 정하여 계산한다고 생각하면 된다.

2 $3\uparrow\uparrow3=3\uparrow3\uparrow3=3\uparrow27=3^{27}=7,625,597,484,987$

숫자 3 사이의 화살표 2개는 다음과 같이 앞의 숫자를 밑으
로 **1**의 값인 27을 지수로 정하여 계산한다. 계산값이 7조 6
천억이 넘었다.

3 $3\uparrow\uparrow\uparrow3=3\uparrow\uparrow(3\uparrow27)=3\uparrow\uparrow7,625,597,484,987=$
$3^{7,625,597,484,987}$

2처럼 앞의 숫자 3을 밑으로 **2**의 값인 7,625,597,484,987
을 지수로 하여 계산한다. 화살표가 3개가 되니 큰 수가 되
었다.

$3^{7,625,597,484,987}$은 3조 6,000억 자릿수가 넘는 수로 숫자를 전
부 읽으려면 시간으로는 초당 1개의 숫자를 읽어나간다 해
도 10만 년이 넘는 어마어마한 수이다.

4번째를 계산하는 방법은 알겠지만 그 수를 나열하기는 매우 곤란한 것을 깨달았을 것이다.

그래도 호기심이 생긴다면 그레이엄 수를 구할 때 4번째 수를 나타내는 방법을 생각해보자.

$3\uparrow\uparrow\uparrow\uparrow3$로 표시되는 수를 g_1으로 하자. 이제 g_2는 $\underbrace{3\uparrow\cdots\uparrow3}_{g_1개}$개가 된다. 숫자 3 사이에 g_1개가 있으며, 다음 단계도 마찬가지가 된다. 결국 숫자 3 사이의 화살표가 g_{64}개 놓이면 그 수가 그레이엄 수이다. 점화식은 다음처럼 나타낸다.

$$g_1 = 3\uparrow\uparrow\uparrow\uparrow3, \ g_{n+1} = 3\uparrow^{g_n}3 \ (n \in \mathbb{N})$$

그레이엄 수는 우주의 소립자 수보다 더 큰 수이며, 그레이엄 수를 1초에 구골플렉스 $\left(10^{10^{100}}\right)$ 정도의 숫자로 써내려가도 우주의 나이로 추정하는 138억 년보다 더 소요하게 되는 어마어마한 숫자이다.

그레이엄 수는 우주의 소립자 수보다 더 큰 수이며 숫자로 쓴다면 우주의 추정나이인 138억 년보다 더 많은 시간이 필요하다.

모델의 정리 2019년

64년 된 난제를 세계 각국의 PC 50만대로 풀다!

영국의 수학자 모델$^{\text{Louis Joel Mordell,1888~1972}}$은 1950년대 초 $x^3 + y^3 + z^3 = 3$을 만족하는 x, y, z는 x＝y＝z＝1이거나 x＝－5, y＝4, z＝4의 2가지 조합 외에 다른 것은 없을 것으로 추측했다. 그래서 수학자 모델의 이름을 따와서 모델의 정리$^{\text{Mordell's theorem}}$로 부르면서 많은 수학자들이 이에 대해 연구를 시작했다.

그 후, 수학자들은 모델의 정리가 정수론에 매우 중요한 영향을 줄지 모른다는 견해를 가졌으며 $x^3 + y^3 + z^3$의 결과값이 100 이하의 정수 중에서 모두 성립하는지 연구했다.

그러나 100 이하의 정수 중에서 유독 33과 42는 성립하는 해를 구할 수 없었다.

2019년 7월 19일 영국의 브리스톨 대학의 앤드류 부커^{Andrew} $^{booker, 1976~}$교수는 컴퓨터로 무려 3주간에 걸쳐 x, y, z의 해가 33이 되는 것을 구했다고 발표했다.

$$8{,}866{,}128{,}975{,}287{,}528^3 + (-8{,}778{,}405{,}442{,}862{,}239)^3$$
$$+ (-2{,}736{,}111{,}468{,}807{,}040)^3 = 33$$

부커 교수는 795가 되는 조합도 찾을 수 있었다. 그러나 42가 되는 조합을 찾을 수는 없었다. 이 문제는 33주가 넘어서야 해결이 되었다.

2019년에는 결국 컴퓨터 50만대로 다음 문제를 증명해냈다.

$$80{,}435{,}758{,}145{,}817{,}515^3 + 12{,}602{,}123{,}297{,}335{,}631^3$$
$$+ (-80{,}538{,}738{,}812{,}075{,}974)^3 = 42$$

이는 수학자들의 손으로는 풀 수 없는 문제가 되었다. 2019년 9월 20일에는 드디어 $x^3 + y^3 + z^3 = 3$을 만족하는 x, y, z를 구하기 위해 컴퓨터로 다시 실행했다.

$$569{,}936{,}821{,}221{,}962{,}380{,}720^3 + (-569{,}936{,}821{,}113{,}563{,}493{,}509)^3$$
$$+ (-472{,}715{,}493{,}453{,}327{,}032)^3 = 3$$

수학자들의 머리와 손이 아닌 것이 아쉽기는 하지만 이렇게 여러 대의 컴퓨터로 70여 년 동안 정수론의 난제로 꼽히던 문제를 풀 수 있었다.

하지만 아직도 과제가 남아 있다. $x^3 + y^3 + z^3$의 결과값이 114, 165, 390, 579, 627, 633, 732, 906, 921, 975 등 1000 이하의 정수에서 10개의 과제가 남은 것이다.

페르마의 마지막 정리와 함께 모델의 정리도 디오판토스 방정식에서 나온 것이다. 즉 모델이 디오판토스의 방정식에서 아이디어를 얻은 것이다. 만약 모델의 정리도 10개의 과제에 대한 답이 나오지 않는다면 이것 또한 수학의 난제로 수학자들의 많은 도전이 필요할 것이다.

컴퓨터를 이용해 수학계의 난제를 푸는 경우가 점점 증가한다.

대기행렬이론으로 탄생한 아파넷

인터넷 세상으로 한 발을 내딛다

우리의 삶에서 인터넷이 차지하는 비중은 나날이 늘어가고 있다. 비대면의 시대가 되면서 인터넷의 활용은 더 커졌으며 앞으로 더 많은 분야가 인터넷과 연결될 것이다. 이처럼 우리의 삶의 필수가 되어가는 인터넷의 원형에 대해 생각해 본 적이 있는가? 의식주 외에 우리의 삶에 매우 큰 필수적인 인터넷은 미국에서 군사적 목적으로 탄생한다.

1969년 10월 29일에 미 국방부 산하의 방위고등연구 계획국 DRAPA은 핵전쟁이 터져도 네트워크 통신기술의 안정성에는 문제가 없도록 하는 것을 목표로 계획안을 편성한다. 그것은 네트워크의 일부가 파괴되더라도 남아 있는 네트워크가 기능을 제대로 할 수 있는 컴퓨터 상호접속방식으로 한 패킹교환방식으로 구성한 것이었다. 인터넷의 표준 프로토콜인 TCP/IP도 이러한 방식에서 생성한 것이다.

이와 같은 아파넷에 사용하는 수학으로는 대기행렬이론이 있다. 수학자 얼랑Agner Krarup Erlang, 1878~1929이 만든 이론으로, 고객과 서비스에 관한 이론이다. 고객의 서비스 대기 시간을 줄이고, 서비스의 효과를 높이기 위해 제안한 이론이었다. 그리고 아파넷을 개발할

얼랑.

당시 대기행렬이론은 네트워크의 성능분석 및 최적설계에 필요한 공학적 이론으로 적용했다. 대기행렬이론이 인터넷 세상을 만드는 첫 시작에 활용된 것이다.

등호 기호 1557년

정수론 발전에 기여한 등호 기호!

영국 웨일즈 출신의 수학자 로버트 레코드^{Robert Recorde,1510~1558}는 수학기호인 등호 '='하나만으로도 유명하다. 지금은 당연하게 1+1=2를 나타낼 때 쓰는 흔한 등호이지만 500여 년 전만 해도 수학자들은 등호를 어떻게 나타낼지 매우 고민했다.

수학자 레코드도 이와 같은 문제를 고민한 끝에 '같은 길이의 한 쌍의 나란한 수평선으로 '='만큼 같은 것은 없다'는 의미를 상징하는 등호를 개발해 지금도 사용 중이다. 다만 레코드가 개발한 등호는 그 길이가 ═════ 처럼 길었다. 당시 유럽은 모든 논문과 출판물에 라틴어를 사용했는데 레코드는 그 풍습에서 과감히 벗어나 영어로 교재를 쓴 것만으로도 가치가 있다. 로그의 창시자 존 네이피어도 1618년에 등호를 사용해 로그를 연구했으며 곱하기의 창시자 오트레드도 1631년에 등호를 사용했다. 하지만 수학자들이 등호 기호를 보편적으로 사용하게 된 것은 150여 년이 지난 18세기 이후이다.

등호를 발견한 시기인 1557년은 코페르니쿠스의 지동설을 발표한 지 14년이 지난 후이다. 이때 수학과 과학은 신 중심에서 인간 중심으로 옮겨간 르네상스 시대가 절정을 이루고 있었다. 문화와 예술, 철학이 꽃 피었으며 항해술과 건축술, 과학을 통한 공학기술의 발전과 함께 수학이 가파른 속도로 발전하던 시대였다.

레코드의 등호가 처음 설명된 저서 《지식의 숫돌$^{\text{Whetstone of witte}}$》에는 방정식의 풀이에 등호가 등장해 계산의 편리함을 보여준다. 그중 한 문제를 소개한다.

$14x + 15 = 71$을 풀면 다음과 같다.

$$14x + 15 = 71$$

양변에 15를 뺀다.

$$14x = 56$$

양변을 4로 나눈다.

$$\therefore x = 4$$

물론 x는 수학자 라이프니츠가 등호를 발견한 이후 등장했고, 등호는 지금보다 길이가 더 길었다. 그리고 레코드가 저서를 출간한 시기에는 제곱근의 개념을 아직 완성하지 않았다.

$x^2 = 8$을 풀면 $x = \pm 2\sqrt{2}$가 된다. 그러나 양의 제곱근 $2\sqrt{2}$는 근이지만 음의 제곱근 $-2\sqrt{2}$는 근으로 인정하지 않았다. 방정식을 풀다가 제곱근이 0인 경우도 마찬가지였다.

16세기 수학계의 또 다른 한계는 허수의 존재에 관한 것이다. '제곱근 안에 음의 정수나 유리수가 들어갈 수 있을까?'에 대한 문제를 오랫동안 고민해온 수학자들은 당시에도 여전히 방정식의 근으로 허수가 나온다는 것을 인정하지 않았다. 레코드의 《지식의 숫돌》에도 $x^3 + 8x^2 - 16x = 2688$의 방정식의 해법이 나오며 x는 12로 결론을 짓는다. 근은 실수일 때만 해당한다고 생각하여 결정한 것이다. 나머지 2개의 근인 켤레 복소수는 $-10 \pm 2\sqrt{31}\,i$인데 그 당시에 복소수에 대한 체계가 정립되지 못해 구하지 못했다. 방정식의 근이 복소수이면 풀 수 없다는 것으로 간주한 것이다.

19세기에 이르고서야 복소수를 방정식의 근으로 확실히 받아들이게 된다. 이것은 가우스를 비롯한 많은 수학자가 복소수의 풀리지 않았던 성질을 연구해 가능하게 된 결과이다.

적분기호 인티그럴 ∫ 1675년

라이프니츠의 인티그럴 발견이 가져온 미적분의 발전

적분은 수학자들이 오랫동안 넓이와 부피의 개념부터 시작하여 오래 연구한 학문이다. 오랜 세월 수학자들은 적분으로 기하학의 수준을 단계적으로 올렸다. 그중에서 라이프니츠^{Gottfried Wilhelm Leibniz, 1646~1716}가 적분에 남긴 업적은 남다르다. 그는 무한소 개념을 이용하여 미적분의 발전에 기여했으며 적분을 할 때의 기호인 인

라이프니츠.

티그럴 $\int$ 을 사용함으로써 수학자들이 편리하게 적분을 할 수 있었다.

라이프니츠가 1675년 11월 11일에 처음으로 적분기호를 쓰면서 미적분은 함께 성장하게 된다.

미분과 적분은 상호적으로 발달한, 분리할 수 없는 수학 영역이다. 그래서 미적분은 하나로 묶는다. 그런데 엄밀히 말하면 미분의 계산법이 적분보다 더 빨리 등장했고, 이어 적분법의 기호인 인티그럴이 등장하면서 미적분학은 하나의 체계적인 학문으로 발전하게 되었다.

함수 $f(x)$ 를 적분하면 다음과 같이 나타낸다.

$$\int f(x)\,dx = \mathrm{F}(x) + \mathrm{C}\ (\text{단, C는 적분상수})$$

인티그럴은 합계를 뜻하는 Sum의 S를 따와서 $\int$ 로 늘려 나타낸 기호이다. 적분상수 C는 결정되지 않은 상수이기에 항상 표기하도록 했다. 그래서 적분의 계산은 미분과 반대로 $\int x^n\,dx = \dfrac{1}{n+1} x^{n+1} + \mathrm{C}$ 로 계산방법을 정했다.

평소에 사교적이며, 수학과 문학 철학, 법학, 과학, 윤리학, 어학 분야도 폭넓게 연구해왔던 라이프니츠는 법률가와 외교관으로 활동하기도 했다. 그의 발명품 중에는 라이프니츠 계산기도 있다. 당시 이미 존재하던 계산기인 파스칼린[Pascaline]은 덧셈과 뺄셈만 가능했지만 라이프니츠 계산기는 곱셈과 나눗셈까지 연산 기능을 추가했다.

그런데 라이프니츠는 다른 수학자와 달리 곱하기 기호를 × 대신 ∩를 사용했다. 곱하기 기호 ×를 사용하지 않은 이유는 영문자 X와 닮았기 때문이라고 한다. 나누기 기호도 ÷ 대신 ∪를 사용했다.

라이프니츠는 뉴턴과 누가 적분기호를 사용했는지에 대해서 다투기도 했다. 뉴턴의 미적분학에 대한 연구발표가 라이프니츠보다 늦었지만 뉴턴은 논문을 완성한 것은 그 전이라고 주장해 팽팽하게 맞섰다. 그런데 재미있는 것은 그 와중에도 그들은 미적분에 대한 난제에 대해서는 서신을 통해 서로 교류했다는 것이다.

뉴턴과 라이프니츠의 미적분학에는 커다란 차이점이 있다. 뉴턴은 극한의 개념에서 미적분을 시작했고, 라이프니츠는 무한소의 개념에서 미적분을 시작한 것이다.

무한소는 절댓값이 0보다 크고 임의의 실수보다 작은 수로 과학에서는 원자보다 매우 작은 미립자를 의미하기도 한다.

라이프니츠가 살던 17세기에는 대표적인 난제가 2개 있었다. 최속강하선 문제와 현수선 문제였다. 이 두 문제는 수학의 명문 베르누이 가문의 야곱과 요한 형제가 각각 제시한 바 있다.

최속강하선(또는 최단강하곡선) 문제는 물리학 문제인 동시에 미분도 필요했다. 최속강하선 문제는 중력을 받는 입자가 가장 빠른 시간에 하강하기 위한 곡선을 찾는 문제였다. 미적분에 대한 교과서가 부족했던 당시 라이프니츠는 베르누이 가문의 두 형제와 미적분 문제에 대한 질문을 서신으로 교환하며 많은 지식을 습득할 수 있었다.

17세기의 이 두 난제를 해결한 수학자는 로피탈, 베르누이 가문의 두 형제, 뉴턴, 라이프니츠였다. 특히 형인 야곱 베르누이는 미적분의 일종인 변분법을 이용해 최초로 증명했다. 아래 공식은 그가 변분법에 사용한 것이다.

$$I = \int_0^a \frac{\sqrt{1 + (y')^2}}{\sqrt{2gy}}\, dx$$

동생인 요한 베르누이는 과학적 방법으로 페르마의 원리를 적용해 증명했다.

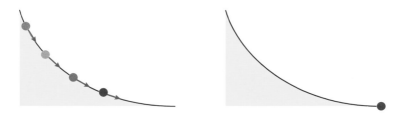

최속강하선 문제는 변분법을 이용해 사이클로이드 곡선을 증명한다.
공은 4개의 위치가 다른 지점에서 낙하하지만 굴러가다가 모이는 점은 하나이다. 동시에 한 지점에 도달한 것이다.

현수선은 양 끝점이 고정되어 있으면서 사슬을 가지런하게 지탱하는 선이다. 예를 들어 부산의 광안대교나 인천의 영종대교에서 현수선을 찾아볼 수 있다.

영종대교.

현수선 문제는 초월함수 e^x로 구성된 함수에 관한 것이었다. 모양은 포물선 함수 같지만 모양이 약간 다르면서 그래프 개형을 그리기 쉬운 문제는 아니었다. 현수선 문제는 미적분에서 자주 등장한다. 함수식의 일반형은 $y = \dfrac{e^{ax} + e^{-ax}}{2a}$ 이다. 그리고 a는 상수이다.

a를 1로 정해 현수선의 함수식을 나타내면 $y = \dfrac{e^x + e^{-x}}{2}$ 이며 $y = \cos hx$로 표기한다. 두 개의 지수 e^x와 e^{-x}사이의 부호를 음수($-$)로 바꾸면 $y = \dfrac{e^x - e^{-x}}{2}$ 가 되며 $y = \sin hx$로 표기한다. $y = \sin hx$와 $y = \cos hx$의 그래프는 다음과 같다.

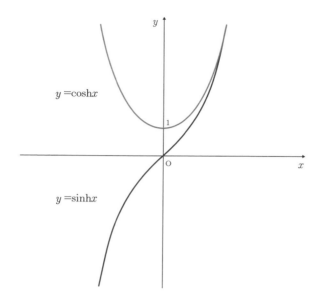

두 현수선의 함수는 그래프의 개형이 다르다는 것을 알 수 있다. 또한 두 현수선 함수에는 미분하면 상대방 함수가 되는 특성이 있다.

라이프니츠의 업적 중에는 유명한 '라이프니츠 급수'가 있다. 급수 전개의 결과에 대해 관심이 많았던 수학자들은 무한 전개의 합이 어떤 값인지 연구했다.

$$\sum_{k=1}^{\infty} \frac{(-1)^{k+1}}{2k-1} = 1 - \frac{1}{3} + \frac{1}{5} - \frac{1}{7} + \cdots = \frac{\pi}{4}$$

위의 급수전개의 값은 $\frac{\pi}{4}$로 무리수인 초월수가 된다. 수학자들은 이러한 초월수를 계산값으로 도출한 것에 놀라움을 감추지 못했다.

초월수가 결과가 되는 경우는 이후에도 많이 발견되었다.

수학의 집합론에서 벤다이어그램은 필수적 도해식 표현이다. 1880년 벤다이어그램은 영국의 수학자 존 벤[John Venn, 1834~1923]이 논문 〈명제와 논리의 도식적 · 역학적 표현에 대해[On the Diagrammatic and Mechanical Representation of Propositions and Reasonings]〉에서 삼단논법을 분석하기 위해 사용했다. 그러나 벤다이어그램의 원조로 부르는 다이어그램[diagram]을 처음으로 만든 수학자는 라이프니츠였다. 후에 이것을 오일러가 오일러의 다이어그램[Euler's diagram]으로 부르면서 사용하다가 존 벤이 자신의 이름을 따와 벤다이어그램으로 지칭하게 된다.

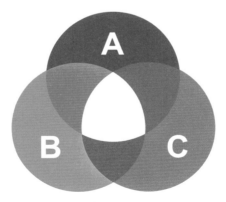

벤다이어그램의 예.

리만 가설 1859년

풀리지 않은 소수의 수수께끼

리만.

독일의 리만$^{Georg\ Friedrich\ Bernhard\ Riemann,\ 1826\sim1866}$은 근대 물리학 이론에 영향을 준 인물이다. 리만 가설, 리만 적분, 리만 제타 함수, 코시 – 리만 방정식 등 그의 이름이 들어간 수학 이론이 많다. 그의 연구는 아인슈타인의 상대성이론의 기초의 토대가 되기도 했다.

리만은 어릴 때부터 자주 아팠고

허약한 유년기를 보냈지만 수학 천재란 소리를 들으며 자랐다. 중·고등학교 시절에는 르장드르^{Adrien Marie Legendre, 1752~1833}의 《정수론》을 완전히 이해할 정도로 수학 분야에 천재적인 재능을 발휘했다.

르장드르.

1846년 괴팅겐 대학에 입학해 철학과 신학을 전공하려고 했던 리만은 수학자 가우스의 수업을 수강한 후 수학으로 진로를 바꾸게 된다.

1846년부터 1851년까지 5년간 괴팅겐 대학 외에도 베를린 대학에서 공부를 했으며, 이때 기하학과 타원함수론, 소수론에 대한 관심이 커졌다. 그 외에도 수리물리학 분야에도 업적을 남겼다. 1851년 괴팅겐에서 복소함수론으로 박사학위를 취득했다.

가우스는 리만의 연구를 극찬하며 그에 대한 지원을 했고, 나중에 교수 자리도 주었다. 천재 수학자 가우스에게 리만은 유망한 수학자로 보였던 것이다.

이처럼 당대 최고수학자에게 인정받게 된 리만의 연구 중에는 대수학과 기하학 분야도 포함된다. 리만은 이 두 분야를 항상 쌍생 과목으로 여겼다. 또 복소변수에 대한 심도 깊은 이론으로 리만 면을 연구해 위상수학의 발전에 기여했다.

그는 지치지 않고 연구에 몰두해 1854년에는 유클리드 기하학의 이론을 벗어나 로바쳅스키의 영향을 받아 기하학을 연구하며 체계를 수립했다. 이는 기존의 오랜 공리를 뒤흔드는 행로이자 수학의 재발견이었다. 리만은 이를 《리만 기하학》이라는 업적으로 남겼다.

수많은 리만의 연구 중 가장 대중에게 알려진 것으로는 리만의 적분이 있다.

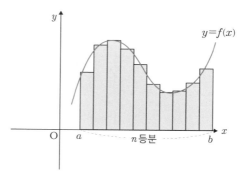

리만의 적분에 관한 그림.

1859년은 리만이 여러 사건을 겪은 해이기도 하다. 가족과 사별을 겪고, 과로로 건강이 많이 악화되었다. 그러는 중에도 수학적 열정은 그를 꺾지 못하고, 11월에 난제인 리만 가설을 고안했다. 오일러와 가우스의 소수론의 연구에 영향을 받아 탄생한 리만 가설은 1859년 11월에 쓴 논문 〈주어진 크기 안에서 소수들의 개수에 관하여 Über die Anzahle der Primzahlen unter einer gegebenen Grösse〉에 등

재되어 있다. 다음은 리만 가설을 증명하기 위해 사용하는 제타함수를 나타낸 것이다.

$$\xi(x) = 1 + \left(\frac{1}{2}\right)^x + \left(\frac{1}{3}\right)^x + \left(\frac{1}{4}\right)^x + \cdots$$

리만 가설은 '제타함수의 정하지 않은 모든 영점들은 하나의 직선 위에 분포한다'는 가설이다. 리만은 분명 무언가 미지의 규칙이 있다고 확신했지만 수학적으로 증명할 수는 없었다. 이 리만 가설은 41년 후 힐베르트의 23가지 문제 중 하나가 되며, 많은 수학자들이 이 난제를 풀기 위해 도전해왔다.

소수가 원자와 소립자 같은 미시 세계와 관련이 있는 것을 과학자들은 인식했다. 이로써 리만 가설이 1970년대부터 미시 세계를 포함한 핵물리학 분야에서도 연구하기 시작한다.

리만 가설에 얽힌 재미있는 일화도 있다.

수학자 하디는 덴마크 학술대회에 참가했다가 영국으로 귀국하려 할 때 태풍이 온다는 것을 알게 되었다. 어쩌면 배가 태풍에 휩쓸려 목숨이 위태로울 수도 있는 상황이었다. 하디는 승선 직전 동료 수학자에게 전보를 쳤다. 문구는 다음과 같았다.

"리만 가설을 증명했다."

이 전보를 받은 수학자들은 하디가 무사히 돌아오기만을 기다렸다가 그가 도착하자 리만 가설의 증명을 물었다.

그런데 무신론자였던 하디는 자신이 태풍에서 죽었다면 증명하지 못한 리만 가설을 증명한 것으로 기록에 남을 테니 그것도 좋지만 신은 자신이 명예를 갖기를 원하지 않을 테니 살아서 올 것이라고 생각했다고 태연하게 말했다.

어떤 수학자는 리만 가설이 틀린 것이 아니냐고 반문하기도 했다. 존 내시도 정신분열증에 걸리면서까지 증명에 몰두했지만 결국 실패했다.

필즈상을 받은 영국의 수학자 마이클 아티야$^{Michael\ Atiyah,}$ $^{1929\sim2019}$ 박사도 2018년 10월에 증명했다고 주장했으나 아직 검증되지는 않았다. 전북대 수학과 김양곤 명예교수 역시 현재 검증 심사를 기다리고 있다.

리만 가설은 정수론의 난제이며 미해결 문제지만 해결된다면 소수의 분포에 관한 신비함을 풀어줄 핵심이 될 것이다.

푸앵카레의 추측 2002년

페렐만이 증명한 푸앵카레의 추측이 불러온 변화

1904년 프랑스의 수학자 푸앵카레^{Jules-Henri Poincaré, 1854~1912}는 푸앵카레의 추측을 발표했다. 푸앵카레 추측은 도형 사이의 관계를 연구하는 위상수학에 관한 것으로 4차원 공간에서 닫힌곡선이 한 점으로 모일 수 있으면 구로 변형이 가능하다는 추측이었다.

이 추측을 증명하기 위해 많은 수학자가

푸앵카레.

도전했지만 번번이 실패했다. 그리고 푸앵카레 추측은 결국 밀레니엄 7대 난제가 되었다.

그로부터 100여 년이 지난 2002년 11월 드디어 푸앵카레의 추측을 증명했다. 그 주인공은 러시아의 수학자 페렐만으로, 밀레니엄 7대 난제 중 가장 먼저 증명한 문제였다.

페렐만은 푸앵카레의 추측의 증명을 학술지에 발표하는 대신 인터넷에 공개했으며 증명에 대한 검증이 완료된 후 2006년 필즈상 수상이 결정되었지만 거절했다. 은둔생활을 하던 페렐만은 난제를 증명하면 받게 되는 클레이 연구소의 상금 약 11억 5천만 원도 거절했다. 페렐만은 다음과 같이 말했다.

"나는 돈과 명예에 관심 없다. 동물원에 갇혀 사는 동물처럼 주목받기를 원하지 않는다."

푸앵카레 추측에서는 위상동형이란 용어를 사용한다. 삼각형과 사각형, 오각형과 같은 다각형의 변을 변형하면 원과 같은 모양을 충분히 만들 수 있다.

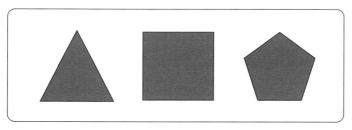

삼각형의 모양을 변형하여 다양한 다각형을 만들 수 있는데 이 관계를 위상동형이라 한다.

그런데 구와 도넛의 경우는 다르다. 도넛은 가운데 한 개의 구멍이 뚫어져 있으므로 구와 위상은 위상동형이 아니다.

이것은 구의 둘레에 실을 묶은 후 점점 조이면서 잡아당기면 결국 한 점에서 만나는 반면 도넛은 한 점에서 만나지 않고 가운데 구멍을 두르는 원과 만나게 되는 것이다.

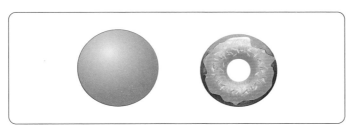

구는 변형하여 가운데가 뚫린 도넛을 만들 수 없으므로 위상동형의 관계가 아니다.

푸앙카레 추측은 '혹시 지구가 도넛 모양일 수도 있지 않을까?' 하는 푸앵카레의 사고에서 시작한다.

푸앵카레 추측은 4차원 공간에서 3차원의 단일연결은 구와 위상동형인지를 증명하면 되는 것이었다. 결국 페렐만은 미분 기하학과 물리학의 엔트로피를 도입하여 증명한다.

체르멜로 선택공리-
수학자들이 보편적으로 이용하는 공리

푸앵카레의 추측이 제시된 1904년에는 체르멜로 선택공리가 등장한다. 이 공리는 수학자들에게 논란이 많은 공리이다.

체르멜로 선택공리는 '서로소이고 공집합이 아닌 원소를 가진 집합에서 각각 한 원소만을 추출해 모은 집합이 존재한다'는 이론이다.

원소를 추출하는 단계에서 사용하는 함수를 선택함수라 한다. 선택함수가 모든 집합에 적당한 순서를 정의하면 정렬집합이 되었기 때문에 체르멜로 선택공리로 정렬정리를 증명할 수 있었다.

이 공리는 수학자들에게 철학적 개념을 포함하고 딱 떨어지는 논리성이 결여되었으며 모호성이 있어서 논쟁을 불러왔다. 그런데도 체르멜로 선택공리는 정렬정리를 증명하는 용이함 때문에 대수학과 위상 수학에서 많은 수학자들이 보편적으로 사용하는 이론이다.

바젤 문제의 답을 구한 오일러 1735년

바젤 문제의 증명이
제타함수와 리만 가설로 확장되다

스위스의 천재 수학자이자 순수수학의 선구자였던 오일러는 많은 저서를 남겼다. 정수론, 대수학, 변분학, 해석학, 기하학, 삼각법, 해석역학, 지도 작성법, 달의 운동 이론, 유체역학 등 순수수학과 응용수학 분야를 연구해 정리한 저서만 70여 권이 넘는다고 한다.

교구목사로 재직하던 아버지는 오일러도 목사가 되길 희망했지만 어려서부터 수학적 재능을 꽃피우자 결국 오일러의 수학에 대한 열정을 인정했다.

산으로 둘러싸인 스위스에
서 자란 오일러가 프랑스 과
학원에서 제시한, 선박에서
돛대의 최적의 위치를 찾는
문제를 풀어낸 일화에서 알
수 있듯 그의 수학적 비범함
은 남달랐다.

이런 그의 역량을 알아본
학자들은 '오일러는 사람이   오일러.
호흡을 하듯, 독수리가 공중을 날 듯 아무 힘도 들이지 않고 평온
하게 계산해내는 것처럼 보인다'고 평가했다.

이와 같은 명성에 걸맞게 오일러는 당시 수많은 수학 난제들을
해결해 '수학 난제의 해결사'라는 수식어가 붙을 정도였다.

그의 명성을 드높인 저서 《대수학 원론》은 기초 대수학 교재로
수학자들의 높은 평점을 받았다. 이 저서는 수많은 가치를 인정받
고 있는데 그중에서도 특히 현대 수학에 사용하는 수학 기호의 표
기법은 매우 중요한 가치이자 특성으로 꼽히고 있다.

그의 복소수 연구는 자세한 증명과 풀이를 담아 수학을 공부하
는 학생들의 이해력을 높였으며 또 다른 저서인 기하학 교재는 미
국의 예일대가 최초로 강의 교재로 채택했다.

수학에 대한 열정과 끊임없는 연구로 수많은 업적을 남긴 오일러지만 수많은 부침 속에서 안타깝게도 시력을 잃게 되면서 세상을 떠날 때까지 17년 동안은 수학 연구에 어려움을 겪어야만 했다. 그럼에도 천부적인 계산능력으로 그는 왕성한 연구 결과를 내놓았다.

바젤 문제$^{\text{Basel problem}}$는 스위스의 바젤 대학 교수였던 야곱 베르누이와 요한 베르누이가 제시한 문제로 다음과 같다.

$$\sum_{n=1}^{\infty} \frac{1}{n^2} = 1 + \frac{1}{2^2} + \frac{1}{3^2} + \frac{1}{4^2} + \cdots$$

이 문제에 대해서 수학자들은 발산의 가능성을 예상하기도 했다. 14세기에 $\sum_{n=1}^{\infty} \frac{1}{n} = 1 + \frac{1}{2} + \frac{1}{3} + \frac{1}{4} + \cdots$ 의 값은 무한대(∞)였기 때문이다. 그런데 1735년 12월에 오일러가 구한 값은 $\frac{\pi^2}{6}$ 으로 달랐다. $\frac{\pi^2}{6}$ 은 약 1.6449로 2보다 작은 수이다. 오일러가 이 문제에 대한 값을 구해 증명한 것이다.

46년 만에 바젤 문제를 해결한 오일러는 얼마 후 바젤 문제를 바탕으로 한 제타함수를 제기했다. 그리고 리만은 이것을 리만의 가설로 확장했다.

현재 리만 가설은 미해결 문제로 남아 많은 수학자들이 도전하고 있다.

오일러는 연분수 연구로 무한이론 분야에도 업적을 남겼다.

$\frac{12}{7}$ 를 연분수로 나타내면 다음과 같다.

$$\frac{12}{7} = 1 + \frac{5}{7}$$
$$= 1 + \cfrac{1}{1 + \frac{2}{5}}$$

약 3.14의 값을 갖는 원주율(π)에 관한 연분수는 다음과 같다.

$$\pi = 3 + \cfrac{1}{7 + \cfrac{1}{15 + \cfrac{1}{1 + \cfrac{1}{292 + \cfrac{1}{1 + \cfrac{1}{1 + \cfrac{1}{1 + \cfrac{1}{2 + \cfrac{1}{\ddots}}}}}}}}}$$

유리수는 연분수로 쉽게 나타낼 수 있지만 무리수는 무한이기 때문에 연분수로 나타내는 것이 매우 어렵다. 이를 오일러는 증명해낸 것이다.

시대를 막론하고 언제나 사람들의 관심사인 금리 문제에서도 오일러는 수학적 재능을 발휘했다. 오일러는 돈을 빌릴 때나 예금을 할 때 금리에 대한 수학적 계산을 통해 놀라운 발견을 한 것이다. 그가 발견한 내용은 다음과 같다.

1737년 예금의 복리 계산에서 무한대의 개념으로 계산을 여러 번 시행한 결과 $\lim\limits_{n \to \infty}\left(1 + \frac{1}{n}\right)^n$이 자연상수 e가 되는 것을 증명했다. 바로 '오일러의 수$^{\text{Euler's number}}$'인 자연상수 e로, 약 2.71828인 무리수이다.

흔히 수학계에서 세상에서 가장 아름다운 공식이라는 오일러 항등식은 자연상수 e의 탄생으로 가능했다.

오일러 항등식 $e^{i\pi} + 1 = 0$은 수학에서 많이 사용하는 무리수 e와 π, 허수인 i, 정수 0과 1이 모두 모였다. 그래서 오일러 스스로도 감탄과 놀라움을 표했다.

자연상수 e는 정수가 계수인 다항방정식을 풀었을 때 해가 나오지 않는다. 초월수인 π와 e는 정수가 계수인 다항방정식을 풀었을 때 근이 될 수 없음이 후에 증명되었으며, 더 많은 초월수에 관한 연구도 이루어졌다.

오일러가 발견한 유명한 상수 중에는 '오일러−마스케로니 상수$^{\text{Euler-Mascheroni constant}}$'도 있다. 일반적으로 γ(감마)로 표시하는 상수인데, 무한대의 개념과 연결된 신기한 상수이다. 오일러−마스케로니 상수는 오일러가 처음에 발견했지만 마스케로니가 더 정확하게 그 값을 계산했기 때문에 붙여진 이름이다.

따라서 오일러가 발견한 값과 마스케로니가 구한 값은 오차가 있다. 오일러−마스케로니 상수를 구하는 식은 다음과 같다.

$$\gamma = \lim_{n \to \infty}\left(\sum_{k=1}^{n}\frac{1}{k} - \ln n\right)$$

오일러-마스케로니 상수는 신기한 결과를 보여준다. $\sum_{k=1}^{n}\frac{1}{k}$ 와 $\ln n$ 의 차가 무한소수이기 때문이다.

n 의 값이 무한대로 발산하면 둘의 차이가 무한대의 결과가 된다고 예상하지만 오히려 무한소수인 $0.577215664\cdots$이다. 오일러는 무한급수와 자연로그의 차이가 무한대로 발산하면 일정한 상수값에 수렴한다는 놀라운 결론을 발견한 것이다.

아직 이 수는 0.578 미만으로 원주율 π 처럼 계속 계산하고 있다. 이미 2008년에 100억 자릿수를 구했으며 현재도 계속 계산 중이고 여전히 무리수로 계산하고 있지만 유리수일지도 모른다는 예상에 수학자들은 계속 자릿수를 알아내는 계산을 하고 있다. 그래서 토마스 하디는 오일러-마스케로니 상수를 유리수로 나타낸다면 자신이 가진 옥스퍼드 기하학의 사빌리언^{savilian} 석좌 교수 자리를 내놓겠다고 말한 바 있다.

오일러-마스케로니 상수가 중요한 또 하나의 이유는 정수론에 커다란 영향을 주는 미지의 수이기 때문이다.

현재 함수를 나타낼 때 사용하는 기호인 $f(x)$ 도 오일러가 처음 소개했다. 흔히 수학에서 많이 사용하는 합계를 의미하는 기호인 $\sum$ 와, 원주율인 π, 허수 기호 i 도 오일러가 발견한 기호이다.

마방진을 풀 때 마방진의 가로행과 세로열의 합에 대해 궁금할 수 있다. 마방진은 차수에 따라 숫자의 합이 점점 커진다. 차수가 n일 때 마방진의 숫자의 합(마법의 합)을 구하는 공식은 $\dfrac{n(n^2+1)}{2}$ 이다. 마방진의 숫자의 합에 대한 도표는 다음과 같다.

마방진의 차수	마방진의 숫자 합	마방진의 차수	마방진의 숫자 합
1	1	16	2,056
2	5	17	2,465
3	15	18	2,925
4	34	19	3,439
5	65	20	4,010
6	111	21	4,641
7	175	22	5,335
8	260	23	6,095
9	369	24	6,924
10	505	25	7,825
11	671	26	8,801
12	870	27	9,855
13	1,105	28	10,990
14	1,379	29	12,209
15	1,695	30	13,515

오일러는 1776년 직교라틴방진에 관한 논문을 발표했다. 다음 A와 B는 3차 라틴방진이다. 세 번째 방진 그림처럼 순서쌍 (A, B)가 모든 행과 열을 배열하는 것을 알 수 있다. 이러한 관계가 직교라틴방진이다.

1	3	2
3	2	1
2	1	3

A

3	1	2
2	3	1
1	2	3

B

1.3	3.1	2.2
3.2	2.3	1.1
2.1	1.2	3.3

(A, B)

$3(A-1)+B$ 계산하여 배열 →

3	7	5
8	6	1
4	2	9

4차와 5차는 직교라틴방진이 성립한다. 문제는 6차 직교라틴방진이 성립하는가에 관한 오일러의 추측에서 생긴다. 오일러는 6차 이상은 직교라틴방진이 존재하지 않는다고 생각했다.

6차는 라틴방진만 812,851,200개이다. 그리고 6차 직교라틴방

진은 존재하지 않는 것을 프랑스의 수학자 가스통 타리[Gaston Tarry, 1843~1913]가 1901년에 증명했다. 이것은 '오일러의 36명 장교 문제'에 관한 증명이었고 매우 유명한 증명 중 하나가 되었다. '오일러의 36명 장교 문제'는 6개의 연대와 6개의 장교 계급을

가스통 타리.

다르게 배치하는 것이 가능한가에 문제이다.

초기에는 6차 직교라틴방진이 존재하기 않음을 발견했다. 그래서 6차 이상의 직교라틴방진이 존재하지 않으므로 오일러의 추측은 참으로 여겨지다가 1958년에는 22차 직교라틴방진이, 1959년에는 10차 직교라틴방진이 존재함이 밝혀져 오일러의 추측은 결

국 틀린 것으로 결론짓는다.

우리가 무심코 그리는 곡선에도 수학 공식이 숨겨져 있을까? 수학자들은 곡선을 보면서 주로 함수 곡선을 떠올리며 공식을 발견했다고 한다. 그런데 오일러는 한붓그리기에서도 규칙을 발견하여 공식을 만들었다. 그것이 바로 쾨니히스베르크 다리 문제이다.

러시아의 쾨니히스베르크^{Königsberg}(지금의 칼리닌그라드의 옛 명칭) 강에는 7개의 다리가 있다. 이 다리들은 프레겔 강과 강줄기를 중심으로 놓여 있으며, 산책하기에도 매우 좋은 곳이었다.

이 다리를 산책하던 시민들은 7개의 다리를 한 번씩만 지나서 프레겔 강을 건널 수 있을까 궁금해졌다.

시민들 사이에서는 열띤 토론이 벌어졌고 결국 수학자로 명성 높던 오일러

쾨니히스베르크의 7개의 다리.

에게 이 문제를 해결해달라고 하기에 이르렀다.

그리고 오일러는 연구 끝에 쾨니히스베르크의 7개 다리를 한 번씩만 건너는 경로는 없다는 결론을 내렸다. 이에 대한 증명을 위해 육지는 점으로, 다리는 선분으로 그려서 도식화해 수학적 증명을 했다.

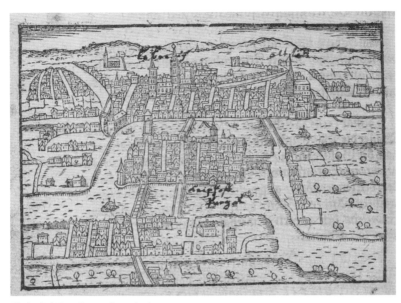

당시 쾨니히스베르크의 도시 지도.

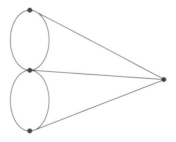

꼭짓점과 선분으로 된 그림과 함께 오일러는 도형의 홀수점이 단지 2개이거나 짝수점만 있을 때 한붓그리기가 가능하다'라고 설명했다. 왜 그러한지를 보기 전에 다음 그림 3개를 먼저 보자.

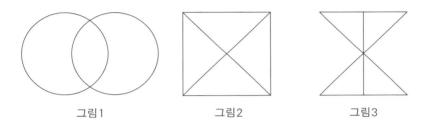

그림1   그림2   그림3

도형에서 선분끼리 만나는 꼭짓점은 선분이 몇 개가 모이는 지를 확인하는 것이 중요하다. 그것을 세어서 홀수 개인지 짝수 개인지 알아보는 것이다. 그래서 이제 꼭짓점에서 도형의 홀수 점에는 노란색을, 짝수 점에는 빨간색을 나타내면 다음 그림과 같다.

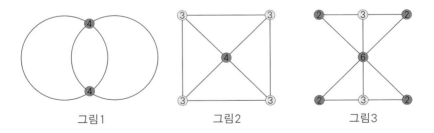

그림1   그림2   그림3

그림1은 도형이 짝수 점으로만 이루어져 있으므로 한붓그리기가 가능하다. 그림2는 홀수 점 4개와 짝수 점 1개로, 오일러가 제시했던 규칙에 해당하지 않으므로 한붓그리기가 불가능하다. 그림3은 홀수 점의 개수가 2이므로 한붓그리기가 가능하다. 이에 따라 아래 그림처럼 쾨니히스베르크 다리 문제도 해결이 불가능한 것을 알 수 있을 것이다.

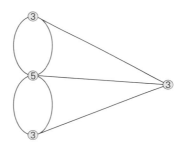

만약 오일러가 한붓그리기에 대한 규칙을 정하지 않았다면 쾨니히스베르크 다리 문제를 해결하는 데 많은 시간을 허비했을지도 모른다.

오일러의 한붓그리기로 위상수학은 커다란 발전을 이루며 현재까지도 네트워크 이론에 큰 영향을 준다. 질병의 확산에 대한 신경망을 형성하여 이동 감지에 따른 경로를 알아내는 것과 단백질에 연결망을 분석하여 항암 치료제를 만드는 것, 교통의 혼잡을 해소하는 대책도 한붓그리기에서 시작한 위상수학이 발전한 것으로, 수학은 사회 속에서 발전하며 우리의 삶을 변화시키고 있음을 확인할 수 있다.

천재 수학자 오일러는 소수론에도 관심을 가져서 소수에 분명 규칙이 있을 것으로 생각했다. 그리고 소수와 연관하여 공식을 만들었다.

$$\prod_{p는\ 소수}^{\infty} \frac{p^2}{p^2-1} = \frac{2^2}{2^2-1} \times \frac{3^2}{3^2-1} \times \frac{5^2}{5^2-1} \times \frac{7^2}{7^2-1} \times \cdots = \frac{\pi^2}{6}$$

각 소수의 제곱에서 1을 뺀 것을 분모로, 소수의 제곱을 분자로 한 것들의 곱을 $\frac{\pi^2}{6}$으로 결론지은 것이다. 이 공식에 관한 값은 리만이 후에 리만 가설을 만들 때의 아이디어 원천의 공식이 된다.

기원전 3세기 경의 유클리드는 수학에서 소수는 무한하게 존재한다는 것을 증명했다. 이로부터 21세기가 지난 1737년에 오일러는 소수의 역수의 합은 발산한다는 것을 증명했다.

$$\sum_{p는\ 소수}^{\infty} \frac{1}{p} = \frac{1}{2} + \frac{1}{3} + \frac{1}{5} + \frac{1}{7} + \frac{1}{11} + \cdots + \frac{1}{p} + \cdots = \infty$$

소수가 유한하다면 소수의 역수의 합은 유한하여야 한다. 그러나 소수가 무한하기에 소수의 역수의 합은 무한다는 것을 오일러는 다시 증명할 수 있었다.

수학자 오일러보다 75년 앞서
직교라틴방진을 개발한
조선시대 수학자 최석정

마방진은 중국 하나라에서 유래한다. 장마철마다 물이 범람하여 제방공사를 했는데, 그곳에서 등에 문양이 새겨진 거북이 나타났다. 그 문양을 낙서洛書라고 부르는데, 1부터 9까지의 숫자를 한번만 사용해 가로, 세로, 대각선의 합이 모두 15가 되는 숫자들이 되는 것에서 유래한다.

삼국지에 등장하는 제갈공명은 마방진을 이용해 어느 방향으로 보아도 군사의 숫자가 똑같이 보이게 하여 진을 구축했다고 한다. 그렇게 하면 실제의 군사 숫자보다 더 많아 보여 적에게 위압감을 주기에도 좋은 전략이었다.

2	7	6
9	5	1
4	3	8

가로, 세로, 대각선의 합이 15인 마방진의 예.

당시 사람들은 마방진이 우주의 원리를 담고 있는 신비한 배열로 믿었으며 재앙을 막아주는 고귀한 것으로 생각했다.

마방진은 중국에서 유럽으로 알려져 마법진magic square으로 불렸다. 우리나라도 중국의 수

학을 수용해 독창적으로 마방진
을 개발했다.

최석정.

　송나라의 수학자 양휘가 저술
한 《양휘산법揚輝算法》, 중국의 명
나라 수학자 정대위가 저술한
《산법통종算法統宗》, 명나라 말기
에 제작한 서학을 소개한 《천학
초함天學初函》을 연구한 최석정은
1700년 《구수략九數略》에 직교라
틴방진을 소개했는데 오일러보
다 75년이나 앞선 마방진이었다.

  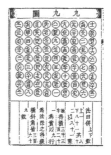

세계 각지의 다양한 마방진들.

50	18	55	70	5	48	3	76	44
66	31	26	29	81	13	52	11	60
7	74	42	24	37	62	68	36	19
54	67	2	65	25	33	28	23	72
59	21	43	9	41	73	15	61	47
10	35	78	49	57	17	80	39	4
79	6	38	20	69	34	32	64	27
30	71	22	45	1	77	16	51	56
14	46	63	58	53	12	75	8	40

최석정은 산학 관련 업무를 맡아 호조참판을 거쳐 영의
정을 지내기도 한 수학자이다. 《구수략》은 숫자를 주역과
음양오설 원리로 설명한 저서로 유클리드 기하학과 등차
수열, 등비수열, 주판, 계산자, 마방진 등 여러 수학을 소
개하고 있다. 다만 서양의 수학 표기가 아니라, 한자 표기
이기 때문에 지금도 연구가 진행 중이다.

《구수략》에 소개한 지수귀문도는 육각형 모양의 마방
진이며 합이 93이 되는 배열이다.

《구수략》의 지수귀문도.

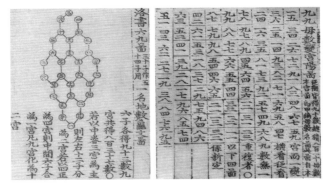

지수귀문도.

지수귀문도는 1에서 30까지의 숫자를 넣어서 겹치지 않는 6개의 숫자의 합이 93이 되는 마방진이다. 《구수략》에는 3차에서 10차까지 다양한 마방진도 소개되어 있으며 이를 통해 자연 질서의 대칭과 균형을 목적으로 만든 것이 마방진임을 확인할 수 있다.

쾨니히스베르크 다리 문제에 대한
또 다른 이야기

칸트.

쾨니히스베르크 다리 문제가 나오게 된 배경에는 많은 설들이 있다. 그중에는 철학자 칸트에 대한 이야기도 있다.

철학자 칸트는 쾨니히스베르크에서 태어나 평생 이곳에서 살았다. 그는 노년에도 쾨니히스베르크 다리를 산책했다고 한다. 이 노년의 철학자가 산책하는 모습에 혹시라도 건강을 해칠까 걱정이 된 시민들은 다리를 한 번씩만 건널 수 있는 방법을 찾아 칸트가 좀 더 편안하게 산책할 수 있도로 돕고 싶었지만 방법을 알 수 없었다.

그래서 그들은 명성이 높은 수학자에게 그 방법을 의뢰했고 이 문제를 증명한 수학자는 오일러였다.

쾨니히스베르크 다리 문제는 위상수학을 발전시켰고 그래프 이론이라는 수학 분야가 생겨났다. 그리고 현대사회가 네트워크 사회가 되면서 그래프 이론은 응용범위가 엄청나게 늘어나고 있다. 때문에 모든 그래프 이론 교과서에서는 쾨니히스베르크의 다리 문제를 역사적 배경과 함께 꼭 다루고 있다.

해석학 발전에 기여한 푸리에 1807년

주기함수를 삼각함수의 합으로 나타내다

과학과 공학은 대수학, 기하학, 해석학, 통계학 등 수학을 기반으로 발전하며 우리 일상생활을 바꿔나가고 있다. 즉 수학의 영향을 직접적으로 받은 대표적인 분야가 과학과 공학이며 그중에서도 대표적인 수학 분야를 꼽으라고 한다면 많은 학자들이 푸리에 급수를 선택할 것이다.

푸리에 급수는 우리의 삶을 획기적으로 변화시킨 수많은 분야에서 응용하고 있다. 당장 현대인들에겐 절대 뗄 수 없는 수많은 것들, 스마트폰, 컴퓨터, 디지털 카메라, 유튜브에 있는 각종 비디오

잉그리드 도비시.

클립, 인공지능 기계학습 기술 등이 모두 푸리에 급수의 영향으로 탄생했다.

의학과 영상 과학 발전에 크게 기여한 벨기에 출신의 수학자이자 물리학자인 잉그리드 도비시[Ingrid Daubechies, 1954~]의 '웨이블릿 이론' 역시 푸리에 급수를 바탕으로 한다.

잡음을 제거하거나 신호 및 시스템 분석, 중력파 탐지, 지진 관측, 데이터 저장, 영상처리에도 사용하면서 푸리에 급수는 과학과 공학계에 수많은 패러다임의 전환을 불러왔다. 또한 별이나 퀘이사[quasar](아득히 먼 거리에 있으나 고광도와 강한 전파방출을 관측하는 희귀한 천체)의 변광을 측정하는 데에도 푸리에 급수를 사용한다.

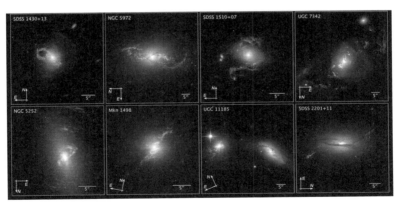

허블우주망원경으로 촬영한 다양한 형태의 퀘이사. 퀘이사는 강한 전파를 발산하는 천체이자 별이다.

그렇다면 푸리에 급수란 무엇일까? 단순하게 정리하면 다음과
같다.

$$f(x) = \frac{1}{2} a_0 + \sum_{n=1}^{\infty} (a_n \cos nx + b_n \sin nx)$$

1807년 12월 21에 수학계와 과학계에 알려진 푸리에 급수는
주기함수를 사인^{Sine}과 코사인^{Cosine}의 합으로 나타낸 것이다. 모든
주기를 갖는 파동은 사인 파동과 코사인 파동의 합으로 나타낼 수
있다는 것이다.

푸리에.

프랑스의 수학자이자 물리학자
인 푸리에$^{\text{Jean-Baptiste Joseph Fourier,}}$
$^{1768\sim1830}$는 역사적 소용돌이 속에서
연구에만 매진하지는 못했다.

어린 시절 고아가 되어 베네딕트
수도회의 학교와 지방의 군사학교에
서 교육을 받은 뒤 교사로 재직하다
가 프랑스 혁명에 가담해 단두대에
서 목숨을 잃을 뻔했으며 프랑스의 역사적 사건에 따라 그의 인생
도 함께 흘러갔다.

그는 군사학교에서 수학을 가르쳤으며 1795년에는 에콜 폴리테
크니크$^{\text{École Polytechnique}}$(현재는 프랑스에서 수많은 과학자와 CEO를 양성

하는 종합기술대학) 교수로 재직했다. 또한 파리 과학아카데미의 종신 서기로 지냈다.

푸리에는 1798년 나폴레옹의 신임을 받아 과학 분야의 조력자로 이집트 원정을 갔으며 나폴레옹의 군대가 나일강 전투에서 영국군에 패한 뒤 나폴레옹이 이탈리아 남부의 섬 몰타로 쫓겨난 뒤에는 이집트에 남아 연구에 매진하며 고고학 탐사와 교육시설을 설립해 운영하기도 했다.

나폴레옹이 귀향에서 풀리자 푸리에는 나폴레옹과 함께 귀국해 배수시설과 고속도로 같은 토목건설에 동참하는 한편 이집트 역사연구에 전념하며, 방대한 이집트 자료들을 정리해 발행했다.

1807년 그는 편미분 방정식을 이용한 열의 흐름을 해석한 논문을 프랑스 과학아카데미에 제출했다. 라그랑주, 라플라스, 르장드르 등이 참여한 위원회에서는 그의 논문을 심사한 뒤 일반성과 엄밀성을 요구했다. 푸리에 급수가 수렴할 조건은 후에 디리클레가 엄밀하게 증명했으며 이는 '디리클레 조건'으로 불리고 있다.

푸리에 급수가 소개된 논문은 계속 수정과 보완을 거쳐 푸리에가 54세가 되던 1822년에 〈열 분석 이론〉이라는 논문으로 완성되었다.

푸리에는 고체에 관한 연구뿐 아니라 우주 공간의 열에너지에 관한 연구도 했다. 물론 우주에 대한 실험을 직접 할 수는 없었기 때문에 그는 세 개의 유리 상자를 제작했다.

세 개의 유리 상자를 계속 햇빛에 노출시키며 관찰한 결과 유리는 햇빛을 투과시키면서도 열은 빠져나가지 않게 가둔다는 것을 알아냈다.

푸리에는 이 연구결과를 바탕으로 지구도 이와 마찬가지의 현상이 일어난다고 결론 지었다. 지구의 대기를 구성하는 기체가 태양에서 발산되어 지구에 도착한 빛에서 발생한 열이 다시 우주 밖으로 나가지 못하게 가둔다는 과학이론을 세운 것이다. 지표면의 복사 에너지가 대기를 빠져나가지 못하고 흡수가 이루어져 대기의 온도가 상승하는 현상으로, 이것을 온실효과$^{greenhouse\ effect}$로 부른다. 이는 과학적으로 증명되었으며 만약 지구의 온실효과가 없다면 지구의 기온은 급격히 하락해 생명체가 살 수 없는 행성이 될 것이다.

후에 과학자들은 온실효과가 일어나는 이유가 대부분 메탄과 수증기, 이산화탄소로 이루어진 대기 성분이 원인임을 밝혀냈다.

증기선의 상업화에 성공해 물류 배송의 패러다임을 바꾼 화가 출신의 과학자 풀턴

1807년 발표한 푸리에 급수는 수학계와 과학계에 커다란 공헌을 했다. 뿐만 아니라 상업 증기선의 발명으로 수로의 운송수단이 편리하게 된 해이기도 하다. 풀턴^{Robert}

Fulton, 1765~1815이 상업 증기선을 제안하자 "내 사전에 불가능이란 없다"고 했던 나폴레옹조차 허황된 아이디어라고 비꼬았을 정도로 꿈같은 상업 증기선이 현실화된 것이다.

증기기관의 개념은 17 풀턴.
세기 초부터 프랑스에서
먼저 시작했다. 하지만 당시 증기기관을 이용해 배를 움직이고자 했던 연구들은 증기 엔진이 배를 움직일 정도의 에너지를 발생하지 못했고 기관을 연결하는 피스톤 제작도 번번이 실패했다.

그런데도 희망을 버리지 않고 연구를 거듭하던 연구자들 중 1729년 영국의 조나단 헐스Jonathan Hulls 1699~1758가 증기선을 발명해 뉴커먼Thomas Newcomen, 1663~1729이 발명한 증기엔진을 장착해 실험해 보았지만 실패했다.

그로부터 50여 년이 지나서 1776년 제임스 와트가 증기기관을 발명하자 이를 이용한 증기선 제조 연구를 시작했다. 그리고 1783년 드디어 프랑스인 클로드 프랑수와가 50km를 운항하는 증기선을 성공시켰다.

미국에서 최초로 증기선을 제조하여 운항한 발명가로 알려진 존 피치John Fitch, 1743~1798는 1788년에 필라델피아에서 뉴저지 벌링턴까지 3,200km의 거리를 12km/h 정도의 속도로 운항에 성공했다. 그러나 연료비용이 너무 많이 들었기 때문에 승객을 태우고 운항하기에는 경제적 타격이 커서, 결국 사업 부진으로 파산했다.

존 피치.

증기선은 복잡한 기계이며, 어느 한 부분만 문제가 생겨도 고장이 나거나 폭발의 위험에 노출되어 있다. 이와 같은 단점들을 개선하기 위해 유럽의 발명가들은 오랫동

1790년 4월 여객선에 사용한 증기선.

안 증기선을 상용화하는데 도전했지만 시간과 비용만 들어갈 뿐 별다른 성과는 보지 못하고 다시 20여 년의 시간이 흘렀다.

그리고 19세기 초가 되자 풀턴이 상업적 증기선을 발명하는 데 성공했다.

미국의 펜실베이니아 출신의 화가였던 풀턴은 영국에서 그림 공부를 하다가 증기선에 관심을 갖게 되면서 선박기술자로 직업을 바꾸었다. 그가 화가 대신 공학자의 길을 가게 된 것은 당시 한창 진행되고 있던 영국 산업 혁명의 영향이 컸다. 또 영국 최초로 내륙 운하를 건설한 브리지 워커 공작이 그가 운하에 대해 공부할 기회를 주었고 그 결과 풀턴은 1796년 〈운하 항해 개선에 관한 논고〉를 발표했다.

당시 프로이센과의 전쟁을 위해 신무기를 개발하고자 했던 나폴레옹은 이 책을 보고 풀턴을 불렀다. 풀턴은 신무기를 원하는 나폴레옹에게 물 밑으로 운행하면서 수면 위의 배를 공격할 수 있는 선박으로 잠수함을 소개하며 도면을 그려 제출했다. 너무 혁신적인 제안에 나폴레옹은 반신반의하면서도 제작을 허락했고 이에 풀턴은 1800년 7월 29일 잠수함 노틸러스^{Nautilus}를 제작했다. 노틸러스는 센 강에서 3시간 동안 잠수에 성공했지만 속도가 너무 느려 군용으로 사용하지는 못했다. 당시 풀턴은 잠수함과 함께 어뢰도 개발했다.

이처럼 나폴레옹 아래에서 신무기를 제작하던 중 풀턴은 파리에 있던 미국 대사 로버트 리빙스턴$^{Robert\ Livingston,}$ $^{1746~1813}$으로부터 뉴욕 주의 허드슨 강에서 운항할 증기선의 제작을 의뢰받았다.

풀턴이 제작한 증기선은 1803년 프랑스의 북서부를 가로지르는 센 강에서 시험 운행에 들어갔지만 선체가 너무 약해 부서지면서 증기선에 관한 테스트는 실패했다.

풀턴이 영국을 위해서 개발한 발명품도 있다. 나폴레옹

을 위해 만든 어뢰를 더욱 개량하여 1805년 트라팔가 해전^{Battle of Trafalgar}에서 넬슨 제독의 승전을 도운 것이다. 나폴레옹은 이 전쟁으로 패전하게 된다.

 1806년 풀턴은 미국으로 건너가서 로버트 리빙스턴을 만나 다시 상업용 증기선의 개발에 도전한다. 그리고 결국 상업용 증기선을 성공할 수 있었다.

 그가 개발한 증기선은 상류로 거슬러 올라가는데 32시간, 돌아서 내려오는데 30시간이 걸렸으며 이는 범선보다 세 배 정도 빠른 속도였다.

 증기선 노스리버^{North River}호는 길이 43m, 폭 5m, 무게 150톤의 큰 선박으로 1807년 8월 17일 승객을 태우

노스리버^{North River}호의 1909년 복제품.

고 뉴욕에서 220km 떨어진 올버니^{Albany}까지 운항을 시작했다. 상업용 증기선의 시대를 알리는 역사적인 순간이었다.

증기선의 출현으로 범선은 점차 자취를 감추었다. 미개척지가 많았던 미국에서 증기선의 출현은 교통혁명을 일으킴과 동시에 인적·물적 자원의 이동을 원활하게 했다. 또한 증기선의 이동으로 강을 통해 바다가 연결되면서 공업도시로 성장하는 곳도 나타났다.

이후 풀턴은 증기선을 개량해 특허를 딴 후 뉴욕 주의 수로 운송 독점권을 얻어 사업을 지속했다.

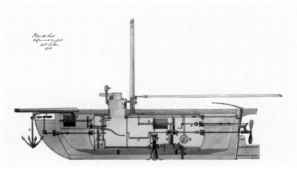

1806년 풀턴의 잠수함 단면 설계도.

갤리번의 종이접기와 방정식

12번 종이접기에 성공한
미국의 여고생 브리트니 갤리번

"종이를 여러 번 접어서 달까지 갈 수 있을까?"

혹시 이런 상상을 해본 적이 있는가? 현실성이 없다고 해도 상상은 자유롭게 할 수 있다. 그런데 이런 꿈 같은 아이디어를 수학적으로 증명했다면 믿을 수 있는가?

우선 지구에서 달까지는 아니더라도 종이를 몇 번 접는 것이 가능한지 쉽게 구할 수 있는 A4 용지로 생각해보자. 종이를 접어보려고 시도하면 일곱 번까지는 힘들게 접어지다가(여섯 번째가 한계일 수도 있다) 두께 때문에 여덟 번째는 대부분 실패할 것이다. 8번 접기가 불가능한 이유는 7번을 접은 128쪽(2^7쪽)의 두꺼운 종이를 또 한번 접으려면 상당히 무리가 따르기 때문이다.

따라서 오래 전부터 종이를 8번 이상 접는 것은 불가능하다는 것이 수학계의 주류를 이루었다. 여덟 번부터는 접을 수 있는 종이의 길이가 부족해 물리적으로 접는 것은 불가능하다고 본 것이다. 물론 종이의 길이에 따라 여덟 번 이상 접을 수 있을지도 모른다. 이에 대해 생각하면 답이 나올 수 있다.

이처럼 오래 전부터 수학자들 사이에서 회자되던 수학적 문제인 종이를 한 방향으로 접는 실험을 12번까지 성공한 여고생이 있다.

당시 여고생이었던 브리트니 갤리번[Britney Gallivan,1985~]이 불가능하다고 한 것을 실제로 해본 것이다.

2001년 12월 브리트니는 우선 약 1.2km에 다다르는 기다란 종이를 만들어서 12번까지 접었다. 또한 실험의 성공과 더불어 방정식을 1개 선보였다.

종이 두께를 t, 종이를 접는 회수를 n으로 하면, 여러 회 접었을 때 최소한 필요한 종이의 길이 L과 너비 W는 다음과 같다.

한쪽 방향으로 접을 때 최소한 필요한 종이의 길이

$$L = \frac{\pi t}{6}(2^n + 4)(2^n - 1)$$

그로부터 2달 후인 2002년 2월에도 또 하나의 방정식을 제시했는데 이 두 개의 방정식은 갤리번의 방정식^{Gallivan's equation}으로 알려졌다.

번갈아 접을 때 최소한 필요한 종이의 너비

$$W = \pi t 2^{\frac{3(n-1)}{2}}$$

브리트니 갤리번은 한쪽 방향으로 접어서 종이의 두께를 0.08381mm로 실험했다. 실제 A4 용지보다 더 얇다. 12번을 접었을 때 종이의 높이는 $0.08381 \times 2^{12} = 343.28576$mm로 약 34cm였으며, 12번 접기 위해 실험했던 종이의 길이는 약 1,213m였다.

그러나 첫 번째 방정식을 적용하면 수학적으로 약 737m의 종이의 길이만으로도 충분하므로 약 39% 정도 짧아도 12번 접는 것은 가능하다. 실험에서 여유있게 더 긴 종이를 사용한 것뿐이다.

다음 표는 종이의 두께를 0.138mm로 가정하여 50번 접을 때까지의 종이의 필요한 최소길이를 첫 번째 방정식 $L = \frac{\pi t}{6}(2^n + 4)(2^n - 1)$을 이용해 나타낸 것이다.

종이를 한쪽 방향으로 몇 번 접으면 서울에서 제주도까지의 거리인 455km만큼 도달할 수 있을까? 종이를 한 번씩 접을 때마다

접는 회수(n)	필요한 최소길이 L (mm)	접는 회 수(n)	필요한 최소길이 L (mm)
1	0.434	26	325,414,951,140,489
2	1.734	27	1,301,659,775,467,600
3	6.070	28	5,206,639,043,681,660
4	21.677	29	20,826,556,058,349,200
5	80.638	30	83,306,224,000,641,800
6	309.547	31	333,224,895,537,057,000
7	1211.310	32	1,332,899,581,217,210,000
8	4,791	33	5,331,598,323,006,800,000
9	19,052	34	21,326,393,288,303,100,000
10	75,988	35	85,305,573,145,764,300,000
11	303,510	36	341,222,292,568,161,000,000
12	1,213,153	37	1,364,889,170,242,850,000,000
13	4,850,836	38	5,459,556,680,911,820,000,000
14	19,399,793	39	21,838,226,723,528,100,000,000
15	77,592,070	40	87,352,906,893,874,100,000,000
16	310,354,073	41	349,411,627,575,020,000,000,000
17	1,241,387,881	42	1,397,646,510,299,130,000,000,000
18	4,965,494,700	43	5,590,586,041,194,600,000,000,000
19	19,861,865,151	44	22,362,344,164,774,600,000,000,000
20	79,447,233,304	45	89,449,376,659,090,700,000,000,000
21	317,788,478,616	46	357,797,506,636,347,000,000,000,000
22	1,271,153,005,266	47	1,431,190,026,545,360,000,000,000,000
23	5,084,610,202,668	48	5,724,760,106,181,380,000,000,000,000
24	20,338,437,173,877	49	22,899,040,424,725,400,000,000,000,000
25	81,353,741,421,917	50	91,596,161,698,901,300,000,000,000,000

종이의 두께를 0.138mm로 했을 때 접는 회수에 따른 최소한 필요한 종이의 길이 L (mm).

원래의 두께에 2의 n제곱을 곱한 만큼 두꺼워진다는 것을 알고 계산한다.

구하는 방법은 $0.138 \times 2^n = 455{,}000{,}000$에서 n는 약 31.6이므로 32번 접으면 되며(n은 자연수이어야 하므로 소수 첫째 자릿수에서 반올림한다) 약 1조 3,329억 km의 긴 종이가 필요하다.

지구에서 달까지는 38만 4천 km인데, 구하는 방법은 $0.138 \times 2^n = 38{,}4000{,}000{,}000$에서 n는 약 41.3이므로 42번 접으면 되고, 약 140경 km의 긴 종이가 필요하다.

지구에서 태양까지의 거리는 약 1억 5천만 km이다. 구하는 방법은 $0.138 \times 2^n = 150{,}000{,}000{,}000{,}000$에서 n은 약 49.9이므로 50번 접으면 되고, 도달하기 위해서는 약 916해 km의 긴 종이가 필요하다.

갤리번의 두 번째 공식 $W = \pi t 2^{\frac{3(n-1)}{2}}$은 번갈아 접었을 때의 종이의 너비($W$)이다. 단 여기서 알아야 할 것이 있다. 첫 번째 공식과 달리 필요한 조건은 종이의 가로와 세로의 비가 $1:2$이어야 하며, 너비(W)는 가로의 길이다.

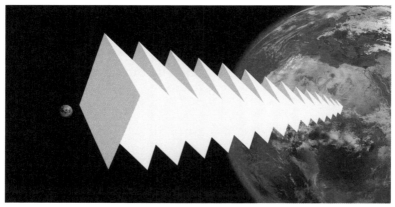

종이를 몇 번 접으면 지구에서 달까지의 거리만큼 도달할 수 있을까?

따라서 번갈아 접었을 때는 너비를 구할 수 있지만 세로의 길이도 동시에 적용하므로 첫 번째 공식의 길이만을 구한 것과는 차이가 있다. 첫 번째 방정식과 두 번째 방정식은 접는 방식의 차이가 있으므로 필요한 종이의 길이에 커다란 오차가 있는 것이다.

한쪽 방향으로 종이를 접는 실험은 기다란 띠 모양의 종이로 접는 것을 하면 되고, 번갈아 종이를 접는 실험은 가로와 세로의 길이를 1:2로 계산하면서 실험을 해야 한다는 차이가 있다.

번갈아 접는 방법은 아래서 위로(또는 위에서 아래로) 반으로 접고, 왼쪽에서 오른쪽(또는 오른쪽에서 왼쪽)으로 반으로 접는 것을 반복하면 된다.

접는 회수 (n)	너비 W (mm)	접는 회수 (n)	너비 W (mm)
1	0.434	26	84,266,275,036
2	1.226	27	238,341,018,013
3	3.468	28	674,130,200,287
4	9.810	29	1,906,728,144,101
5	27.747	30	5,393,041,602,293
6	78.479	31	15,253,825,152,811
7	221.972	32	43,144,332,818,347
8	627.833	33	122,030,601,222,491
9	1,776	34	345,154,662,546,778
10	5,023	35	976,244,809,779,925
11	14,206	36	2,761,237,300,374,220
12	40,181	37	7,809,958,478,239,400
13	113,650	38	22,089,898,402,993,700
14	321,450	39	62,479,667,825,915,200
15	909,199	40	176,719,187,223,950,000
16	2,571,603	41	499,837,342,607,321,000
17	7,273,591	42	1,413,753,497,791,600,000
18	20,572,821	43	3,998,698,740,858,570,000
19	58,188,725	44	11,310,027,982,332,800,000
20	164,582,568	45	31,989,589,926,868,600,000
21	465,509,801	46	90,480,223,858,662,400,000
22	1,316,660,547	47	255,916,719,414,949,000,000
23	3,724,078,406	48	723,841,790,869,298,000,000
24	10,533,284,379	49	2,047,333,755,319,590,000,000
25	29,792,627,252	50	5,790,734,326,954,370,000,000

종이의 두께를 0.138mm로 했을 때 접는 회수에 따른 최소한 필요한 종이의 너비 W(mm).

결과적으로 번갈아 종이를 접었을 때가 한 방향으로 접었을 때보다 필요한 종이의 길이가 더 짧다.

서울에서 제주도까지는 32번을 접어서 도달해도 약 4,314만 km의 종이의 폭과 약 8,628만 km의 세로가 필요하다. 가로(너비)의 길이보다 세로의 길이가 2배 더 필요하다. 그리고 지구에서 달까지 42번 접어서 약 1조 4,138조 km의 종이의 너비와 약 2조 8,276조 km의 세로가 필요하다. 지구에서 태양까지 50번 접어서 약 5,791조 km의 종이의 너비와 약 1해 1,582조 km의 세로가 필요하다.

갤리번은 《종이를 12번 접는 방법How to Fold Paper in Half Twelve Times》을 출간해 13번까지는 이론적으로 종이 접기가 가능하다고 기술했다.

갤리번의 종이접기 방정식은 많은 수학자들이 조건을 더 추가해 응용발전하고 있다.

2012년 메사추세스 대학교의 학생들은 두께가 0.45mm인 화장지 15.8km로 13번을 접어서 화제가 되기도 했다. 수학자가 범죄 수사에 동참해 수학적 해법을 제시하는 미국 드라마 〈넘버스Numbers〉에도 갤리번의 종이접기가 소재로 나온 적이 있다.

또한 신소재 개발에도 종이접기는 빛을 발한다. 대표적인 것으로는 그래핀 복합체가 있으며 자성 스마트 소재와 디스플레이도 특성의 변형이 일어나지 않으면서 종이를 접듯이 자유자재로 사용하도록 개발하고 있다.

　이처럼 종이 접기를 기본적으로 적용하는 것만으로도 수학이 기술과학에 얼마나 큰 영향을 주는지도 알 수 있다.

실용화된 초타원체 **1959년**

둥근 모서리 초타원체를 실용화한 피에트 하인

타원 모양을 하면 무엇이 떠오르는가? 대답하는 사람마다 다르겠지만 태양계의 궤도를 떠올릴 수도 있고, 거울이나 비누, 계란, 지구 등 다양한 타원이 떠오를 것이다. 이렇듯 타원은 흔히 머릿속에 그려지고 관찰할 수 있는 도형이다.

타원은 두 초점으로부터 거리의 합이 일정한 점의 집합으로 정의한다. 이와 같은 성질로 인해 원의 반지름의 길이가 일정한 것과 달리 타원은 일정하지 않고 다르다. 원은 반지름 r로 일정하지만 타원은 긴반지름 a와 짧은반지름 b가 있다.

그래서 타원은 a와 b의 값이 결정되면 그래프의 개형을 그릴 수 있다. 타원의 방정식의 일반형은 $\dfrac{x^2}{a^2} + \dfrac{y^2}{b^2} = 1$이다.

한편 초타원의 방정식은 $\left|\dfrac{x}{a}\right|^n + \left|\dfrac{y}{b}\right|^n = 1$이 일반형이다. 타원의 방정식의 각각의 항에 절댓값을 놓고 차수를 2 대신 n으로 하면 n의 값에 따라 그래프의 형태가 달라진다. 보통 n의 값이 점점 커질수록 타원은 점점 직사각형에 가까워진다. 이러한 초타원의 방정식을 이용하여 건축과 제품에 적용해 실용화한 수학자가 있다. 바로 덴마크의 수학자이자 과학자인 피에트 하인[Piet Hein,1905~1996]이다. 그는 또한 디자이너, 극작가이자 시인이기도 하다.

피에트 하인은 3개 또는 4개의 이어붙인 조각으로 수많은 모양을 구성하는 퍼즐인 소마 큐브의 창안자로도 알려졌으며 헥스라는 게임으로도 유명하다.

그는 1959년 스톡홀름 도시계획의 로터리 설계에 초타원의 방정식을 이용했다. 당시 교통의 혼잡을 최소화하기 위해서는 로터리의 모양을 타원으로 할지 직사각형으로 할지 고민하던 상황에 피에트 하인은 타원과 직사각형의 조화를 이룬 초타원체의 아이디어로 아주 훌륭하게 교통의 원활함을 해결했다.

프랑스의 수학자 라메가 연구했던 초타원의 방정식에서 n을 2.5로 설정하고 $\dfrac{a}{b} = \dfrac{6}{5}$로 정해서 로터리를 완성한 것이다. 예를 들어 초타원의 방정식을 $\left|\dfrac{x}{6}\right|^{2.5} + \left|\dfrac{y}{5}\right|^{2.5} = 1$로 한 것이다.

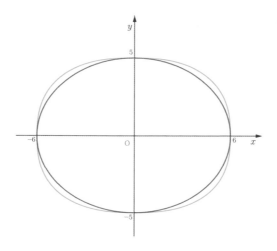

파란색의 타원과 오렌지 색의 초타원.

위의 그림은 긴반지름인 a가 6, 짧은 반지름인 b가 5일 때 타원과 초타원을 비교한 것이다. 일반적 타원은 파란색이고, 초타원은 오렌지 색이다. 오렌지 타원이 파란 타원보다 더 각이 진 것 같으면서도 둥근 형태도 띠고 있다. 그래서 초타원체를 둥근 모서리라고도 한다. 오렌지 타원은 로터리의 모양과 같다.

슈퍼에그.　　　　　　　　초타원형이 적용된 스톡홀름의 로터리.

　　그는 또한 1965년에 초타원을 입체화한 슈퍼에그를 실현해 상품으로 상용화했다. 슈퍼에그 장난감도 등장했다.

　　슈퍼에그의 등장은 우리에게 재밌는 생각을 하게 한다.

　　달걀 모양의 물체를 탁자 위에 세울 수 있을까? 초타원의 방정식이 갖는 둥근모서리의 성질을 이용한다면 가능할 수도 있다. 유명한 일화 중에 콜럼버스의 달걀이 있다.

　　콜럼버스의 아메리카 대륙 발견을 누구나 할 수 있는 일이라며 폄하하던 사람들에게 콜럼버스는 달걀을 탁자 위에 세워보라고 이야기했다. 하지만 누구도 달걀을 세우지 못했다. 그러자 콜럼버스는 달걀의 끝부분을 깨서 세웠다. 생각을 전환하면 누구나 할 수 있지만 그 생각을 전환하지 않는 한은 누구도 쉽게 할 수 없다는 것을 탁자에 세우는 달걀로 보여준 것이다.

 즉 누구나 미리 발견한 항로를 그대로 따라가기는 쉬운 일이지만 그 항로를 처음으로 발견하는 것은 대단히 어렵다라는 발상의 전환으로 지금도 사람들에게 울림을 주고 있는 이야기이다. 그런데 슈퍼에그 모양의 달걀이라면 콜럼버스의 기지 없이도 달걀을 탁자 위에 바로 세울 거 같다.

지오데식 돔 1923년

정이십면체에서 재창조되어 현대건축에 큰 영향을 준 구조물

1923년 발터 바우어스펠트^{Walther Bauersfeld,1879~1959}가 자이스 우주과학관에 선보인 지오데식 돔은 정삼각형으로 둘러싸인 정이십면체를 기본으로 한 반구형 입체물이다. 돔은 건물의 천장을 둥글

게 만든 것이다. 이벤트 홀이나 국회 의사당, 군사 레이더 기지, 이슬람 사원의 천장, 체육관, 전시장, 이글루, 식물원, 공연장에서도 흔히 볼 수 있는 형태이다.

예로부터 건축가들은 천장이 둥글면 힘이 모든 부분에 골고루 분산이 되므로 압력에 강하다는 사실을 알고 있었으며 기둥을 세울 필요가 없기 때문에 돔은 선호하던 건축 양식이기도 했다.

이러한 돔의 형태를 응용한 지오데식 돔은 정이십면체의 각 모서리를 2등분에서 여러 등분으로 여러 개의 정삼각형으로 나눈 후 부풀려서 모든 꼭짓점이 입체의 중심에서 같은 거리에 오도록 만들어 완성한다. 이 중 구의 일부를 차지하는 입체물이 지오데식 돔이다.

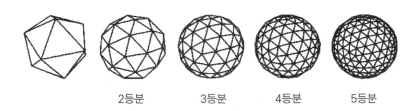

2등분 3등분 4등분 5등분

위의 그림은 정이십면체의 각 면의 모서리를 2등분, 3등분, 4등분, 5등분한 것이다. 각 면에 나누어진 정삼각형의 개수는 $4(2^2)$개, $9(3^2)$개, $16(4^2)$개, $25(5^2)$개가 된다.

지오데식 돔은 구와 비슷한 다면체 형태이면서 안정적인 입체물로 현대사회에서도 건축물에 많이 활용한다. 삼각형으로 둘러싸인 견고한 구조와 표면의 넓이를 최소화하면서 더 많은 부피를 확보할 수 있기에 공간 확보에 유리한 장점도 있다.

1940년대 말 미국 건축가 풀러^{Richard Buckminster Fuller,1895~1983}가 지오데식 돔을 독립적으로 발명했으며 디자인을 미국 내에서 1954년에 특허를 냈다. 풀러는 또한 지오데식 돔이 바람의 영향을 덜 받기 때문에 태풍의 피해를 덜 받는다고 생각했으며 10년여 동안 지오데식 돔형의 주택에서 거주하기도 했다.

지오데식 돔은 지진의 피해에도 강한 건축 구조체이기도 하다. 풀러는 1967년에는 몬트리올 엑스포의 미국관을 설계하여 세계의 주목을 받기도 했다.

2005년 루이지애나 주에 허리케인이 피해를 입혔을 때 지오데식 돔으로 건축된 주택은 널빤지가 몇 개 파손되었을 뿐 다른 주택에 비해 피해가 덜 해서 미국에서는 태풍, 산불 화재, 폭설 같은 극한 기후에서 견디기 위하여 지오데식 돔의 건축에 관심을 갖고 있다.

찾아 보기

번호 · 영문

ABC 추측 165
TCP/IP 191

ㄱ

가스통 타리 218
가우스 101
가우스 분포 106
가우스 소거법 105
가우스 평면 104
가우스 함수 105
갈루아의 대수방정식 59
강한 골드바흐의 추측 114
갤리번의 방정식 243
갤리번의 종이접기 방정식 248
게임 이론 31
겔폰트-슈나이더 정리 158
계단식 함수 105
골드바흐의 추측 113, 158
공개키 암호설정 142
구면기하학 73
구수략 225
구텐베르크 123
국부론 36
그래프 이론 229
그레이엄 수 182
근대철학의 아버지 145
기하학 원론 71
기하학 145

ㄴ

나비에-스토크스 방정식 33, 91
나비효과 88
내시평형 31
뉴턴의 제2법칙 91

ㄷ

다비드 힐베르트 153
닫힌곡선 207
대기행렬이론 191
대수학 145
대폭발 우주론 78
데이비드 매서 164
데카르트의 좌표평면 104
도널드 커누스 183
도수분포곡선 106

도플러 효과 107
디리클레 조건 233
디오판토스 141

ㄹ

라마누잔의 정리 67
라이프니츠 195
라이프니츠 계산기 196
라이프니츠 급수 200
램지 이론 182
러셀의 역설 111
레코드 192
레코드의 등호 193
레프 시닐레만 115
로그 127
로널드 그레이엄 182
로바쳅스키 71
로저 펜로즈 37
로즈 다이어그램 19
루빅스 큐브 56
루이스 리처드슨 54
리만 가설 158, 163, 202, 206
리만 기하학 204
리만 적분 202
리만 제타 함수 202
리히터 지진계 123

ㅁ

마르텐 슈미트 38
마리암 미르자카니 169
마방진 69, 217
마법진 224
마이클 아티야 206
막스 덴 157
만유인력의 법칙 152
망델브로 집합 47
매그니튜드 123
매듭이론 137
머피의 법칙 22
메리 불 25
면심입방격자 160
모노크롬 크로스박스 183
모델의 정리 187
모듈라이 공간 171
모멘트 규모 124
모순 이론 34
뫼비우스 176
뫼비우스 띠의 오일러 지표 181
뫼비우스 필름 179
무한대 26

무한대의 개념 120
무한소 개념 195
무한이론 213
미분 기하학 209
미적분학 140
밀레니엄 7대 난제 208

ㅂ

바젤 문제 213
방법서설 145
버트런드 러셀 110
벤다이어그램 201
벤포드의 법칙 83
보여이 야노시 73
복소변수 203
복소수 142, 212
본 존스 136
불대수 30
불대수학 30
불변량 137
브누아 망델브로 47
브리그스의 로그 128
브리트니 갤리번 242
블랙홀 38
비아벨확장 158
비유클리드 기하학 73
비트겐슈타인 112
빅뱅이론 78

ㅅ

산수론 141
삼단논법 201
상대성이론 73, 202
상용로그 128
샐리의 법칙 23
세페이드 변광성 77
소수의 이차잉여 102
소수 정리 103
소인수분해 142
소푸스 리 59
소행성 세레스 103
수리물리학 76
슈발리의 군의 구조 62
스즈키 군 62
시에르핀스키 삼각형 49
쌍곡기하학 73
쌍둥이 소수 추측 158

ㅇ

아담 스미스 36
아벨확장 158
아서 케일리 10
아이작 뉴턴 149
아인슈타인 202
안드리카의 추측 167
앙리 푸앙카레 89
앤드류 와일즈 143
앨런 튜링 112
야곱 베르누이 213
약한 골드바흐의 추측 114
양자역학 137
얼랑 191
에드워드 로렌츠 87
에르뇨 루빅 56
에밀 아르틴 159
엔트로피 209
연분수 213
오일러-마스케로니 상수 215
오일러의 36명 장교 문제 218
오일러의 다이어그램 201
오일러의 방정식 91
오일러의 수 215
오일러 지표 178
온실효과 234
요한 베르누이 213
우주 개벽설 89
위상수학 207
유체방정식 공리화 157
유체역학 91
유클리드 기하학 71
이반 비노그라도프 115
이발사의 역설 111
이임학 61
이차잉여상호법칙의 보조정리 102
인수분해 142
인티그럴 196
일반상대성이론 37
일반상호법칙 158
잉그리드 도비시 231

ㅈ

자연로그 127
자크 아다마르 89
적분기호 197
적색편이 108
정규분포그래프 106
정십칠각형의 작도 103
제3의 고체 40
제곱 96
조밀육방격자 160

조지 불	28
조지 스토크스	91
조합론	97
존 내시	31
존 네이피어	126
존 벤	201
존스 다항식	136
존스방정식	137
죄수의 딜레마	34
준결정질	40
중력상수	150
쥬리 프로슐	57
지진 모멘트	124
지진에너지	123
직교라틴방진	217
쪽매맞춤	40, 159

ㅊ

천의 정리	116
천징룬	116
청색편이	108
체르멜로 선택 공리	210
체심입방격자	160
초끈이론	60
최석정	224
최속강하선 문제	197
취합검사법	15

ㅋ

카오스이론	89
카탈랑 수	97
카탈랑 추측	95
컨베이어 벨트	179
케플러 추측	159
코시-리만 방정식	202
코흐 곡선	50
코흐 눈송이	52
쾨니히스베르크 다리 문제	219, 229
퀘이사	231
클라인 병	180
클라인병의 오일러 지표	181
클로드 나비에	91
클로드 섀넌	30

ㅌ

타래관계	137
태양계	152
택시수	64

테렌스 타오	116
토머스 해리엇	160
통계학	19
티코 브라헤	127

ㅍ

페르마의 마지막 정리	139, 163
펜로즈 계단	39
펜로즈 과정	39
펜로즈 삼각형	39
펜로즈 타일	39
펜토미노 퍼즐	132
편미분 방정식	33
평행선 공리	72
폰 노이만 이론상	33
폴 코헨	157
푸리에 급수	230
푸앵카레 추측	207
프랙털	46
프랙털 기하학	47
프랙털 도형	52
프랙털 차원	52, 53
프레다 미허일레스쿠	96
프린키피아	151
피보나치수열	85
피타고라스의 정리	139
필즈상	172

ㅎ

하디-라마누잔의 수	64
하인리히의 법칙	90
한붓그리기	221
합성수	64
해럴드 헬프고트	116
해밀턴 경로	12
해석기하학	140, 145
해석적 정수론	65
해안선 역설	53
행렬	11
허블	77
허블-르메트르 법칙	80
허블상수	77
허블의 법칙	77
헨리 캐번디시	150
현수선 문제	197
힐베르트의 23가지 문제	154
힐베르트의 무한 호텔 역설	117
힐베르트의 호텔	117

참고 도서

가르쳐 주세요! 마방진에 대해서 김용삼 지음 | 일출봉

누구나 수학 위르겐 브뤽 지음 | 정인회 옮김 | 지브레인

법칙, 원리, 공식을 쉽게 정리한 수학사전 와쿠이 요시유키 지음 | 김정환 옮김 | 그린북

손안의 수학 마크 프레리 저 | 남호영 옮김 | 지브레인

수학왕 가우스의 황금정리 김중명 지음 | 강현정 옮김 | 지브레인

수학의 파노라마 클리퍼드 픽오버 지음 | 김지선 옮김 | 사이언스 북스

수학이 보이는 세계사 차길영 지음 | 지식의 숲

숫자로 끝내는 수학 100 콜린 스튜어트 지음 | 오혜정 옮김 | 지브레인

알수록 재미있는 수학자들 : 근대에서 현대까지 김주은 지음 | 지브레인

오일러가 사랑한 수 e 엘리 마오 지음 | 허 민 옮김 | 경문사

일상에 숨겨진 수학 이야기 콜린 베버리지 지음 | 장정문 옮김 | 소우주

피보나치의 토끼 애덤 하트데이비스 지음 | 임송이 옮김 | 시그마북스

한권으로 끝내는 수학 패트리샤 반스 스바니, 토머스 E. 스바니 공저 | 오혜정 옮김 | 지브레인

참고 사이트

동아사이언스 dongascience.donga.com

MacTutor mathshistory.st-andrews.ac.uk

Study Artificial Intelligence www.aistudy.co.kr

SciHi Blog scihi.org

The Euler Archive eulerarchive.maa.org

Springer Link link.springer.com

이미지 저작권